WEGWEISER ZUR AUTOMATISIERUNG

Diese Story (Roman) bietet eine Handlungsanleitung für die Entwicklung eines neuen industriellen Automatisierungs-Systems und für die Gründung und Führung eines Automation-Technologie Unternehmens.

Das Buch bietet neue Ideen für fortgeschrittene Automatisierung, die die Anlageneffizienz, Flexibilität und Zuverlässigkeit erhöhen können.

Obwohl die Story auf ein Prozessautomatisierungssystem für die Öl- und Gasindustrie zugeschnitten ist, kann jeder Automatisierungsorientierte Unternehmer auf die Ereignisse Bezug nehmen.

ABSTRAKT

Aufstrebende Unternehmer wollen etwas Besonderes leisten. Sie folgen ihrem Business Plan der die Technologie zum kommerziellen Erfolg bringen und gleichzeitig Risiken minimieren soll.

Um auf dem Markt wettbewerbsfähig sein zu können, muss ein Unternehmen die Innovation in seine Produkte und Dienstleistungen ständig vorantreiben. Und seine Technologie, die den Kern des Unternehmens darstellt, muss mit einem Fokus auf Geschäftsstrategie und Ziele kombiniert werden.

Allgemeine Fachkenntnisse und Berufserfahrung allein reichen aber für den Unternehmenserfolg nicht aus. Branchenkenntnisse und Einsicht in Trends und Entwicklungen sind unerlässlich.

ABSTRAKT

Dieses Buch gewährt Empfehlungen, wie Sie die Herausforderungen an ein Technologie-Startup oder Kleines & Mittleres Unternehmen (KMU) meistern können. Am Beispiel einer Automatisierungsfirma werden Szenarien vorgestellt.

Erhöhen Sie die Wettbewerbsfähigkeit Ihrer Firma!

Erhöhte Prozess-und Fabrikautomation kann riesige Vorteile für die Wirtschaftskraft haben und Unternehmen Wettbewerbsvorteile und Vertrauen geben.

Die "heißen" Technologie-Startup-Geschichten beziehen sich oft auf Innovationen in den Bereichen Internet, Datenkommunikation und andere verbraucherorientierte Applikationen - der Traum ist es, einer der Titanen des Silicon Valley zu sein. Während diese Erfindungen viel Aufsehen erregen, beeinflussen sie selten die Effizienz der Prozess- und Fertigungsindustrien - Chemie, Pharmazie, Lebensmittel & Getränke, Glas / Faser, Energie & Versorgung, Stahl, usw.

Automation hat einen weiten Anwendungsbereich, in vielen Branchen. Ganz gleich, ob für Prozessautomatisierung, Fertigungsautomatisierung oder Lösungen für Infrastruktur, es trägt maßgeblich dazu bei, die Produktivität zu steigern.

Inhalt

WEGWEISER ZUR AUTOMATISIERUNG 1

Präambel 5

Kapitel 1 – ARBEITSWEISE DER GROSS-FIRMA 7

Software-Release-Prüfung 7

Statusmeeting 10

Testprobleme 17

Sondierung der beruflichen Veränderung 24

Arbeitsumgebung – große vs kleine Unternehmen 26

Die Entscheidung muss sicher sein 29

Kontakte nicht abbrechen 33

Jobangebot 35

Kündigungs-Brief 38

Kündigungs-Besprechung 43

Der letzte Tag bei der Ingenieurfirma 49

Kapitel 2 – FORDERUNGEN DER KLEIN-FIRMA 51

Der erste Tag in der neuen Firma 51

Einführung in das Team 55

Kunden wollen komplette Lösungen 59

Innovative Ideen für ein Automatisierungssystem 61

Zeitspanne der Software Ausführung? 69

Kickoff Meeting des Entwicklungsteams 75

Anwendungshandbuch 80

Die Chance für ein Prozessleitsystem Projekt 82

Die erste Produktplanung 84

Einstellung eines Programmierers 89

Aktualisierung der Firmen Broschüre 91

Projektvorschlag für das Automationssystem 98

3

Kapitel 3 – DER PROCESS CONTROL WIZZARD 111

Eine Neue Generation von Systemen 118

Advanced Control Wizard – ACW 118

Multivariable Process Controller - MPC 119

Constraint Limit Control - CLC 120

Process Configuration Genius - PCG 120

Überprüfung der Software Fortschritte 125

Software Besprechung 135

Überprüfung des Angebot Vorschlags 138

Neuverhandlung mit Lieferanten 144

Neue Broschüren 147

Kunden-Feedback bezüglich des Angebots 148

Eingang der Bestellung 152

Der Unternehmensleiter kündigt 157

Aufgaben nach dem Rücktritt des Betriebsleiters 168

Wiederherstellung der Kunden Beziehungen 170

Firmen-Versammlung 171

Präsentation des neuen Systems 174

Finanzierung des Hardwareeinkaufs 183

Die Vor-Ort Inbetriebnahme 185

Vorteile von Advanced Process Control 191

Finanzierung 194

Eigentums Angelegenheiten 195

Der Umgang mit Banken 200

Endergebnis 203

Endbemerkungen 204

Schlussfolgerung 207

Präambel

Huh! Wen würde denn eine Story über die Entwicklung eines neuen Automatisierungssystems interessieren?

„Non-Fiction" (Sachbuch) ist gut, um Empfehlungen, wie man Technologie nutzt, in einem Business-Plan zu kommunizieren. Was dabei allerdings fehlt, ist die emotionale Umsetzung dieser Empfehlungen, die im Mittelpunkt der meisten Aktivitäten eines Unternehmens stehen. Die Schilderung versucht die menschlichen Herausforderungen, die so grundlegend für ein Unternehmen sind, zu erklären. So erleben Sie als Ergänzung zur „Non-Fiction" die emotionalen Höhen und Tiefen zwischen den handelnden Personen.

Was bewegend an dieser Geschichte und in der Realität ist, sind nicht die Technik und die Unternehmenserfolge am Ende, sondern die Menschen, die tief in sich hineinschauen, um schwierige Hürden zu überwinden. Der Autor hofft, dass dieses Buch die Leser bewegt nachzudenken und eine Diskussion über die Möglichkeit eines eigenen Unternehmens zu führen, mit Technologie als Grundlage.

Der Inhalt der Story erfasst zwei Haupteigenschaften von effizienten Technology-Startup-Firmen - Zuversicht und das Verständnis der wahren Business-Risiken. Ja, es gibt Grund für Zuversicht, denn wenn Unternehmer realistisch planten und sich über Geschäftsbedrohungen informierten, wäre die derzeitige Lage, dass vier von fünf Startup-Firmen misslingen, nicht vorhanden sein. Der Erfolg von Startup-Firmen wäre in der Tat sehr hoch.

Ein Teil dieser Story kann beunruhigend erscheinen, weil es sich nicht um Science-Fiction handelt. Die beschriebene Erfindung geht zwar einen Schritt weiter als die heute verfügbare Technologie, aber in der Regel verwendet das Personal des Buches eine Technologie, die der Heutigen ähnlich ist. Die Vorstellungen des Autors sind in der Zeit, in der er selbst tief mit der detaillierten Definition eines Prozessleitsystems beschäftigt war, zum großen Teil in Erfüllung gekommen.

Dies ist zwar nicht zur Gänze ein Werk der Fiktion: das vorgestellte Projekt und die Entwicklungsarbeiten sind fast Tatsachen, aber Namen, Charaktere, Orte und Ereignisse sind eine Fantasie des Autors. Die Geschichte zeigt, dass der gesunde Menschenverstand und die Fixierung auf Leistung Menschen dazu inspirieren können, die Frustrationen, Hindernisse und Herausforderungen, die mit den heutigen typischen Veränderungen in einem Technologieunternehmen vorkommen, zu überwinden.

Stories (Erzählungen/Geschichten) über Prozessleitsysteme sind vielleicht selten, aber der Autor hofft, dass er eine persönliche Verbindung zwischen seinem Publikum und seiner Botschaft mit diesem Buch erstellen kann.

Diese Story umfasst viele Details, um die Erkenntnisse des Autors zu vermitteln, worauf sich Fachleute im Technologie-Geschäft am meisten konzentrieren sollen. Seine Absicht ist, Beispiele aus der Praxis zu geben, die Hilfe für Unternehmer und Manager bieten.

Kapitel 1 – ARBEITSWEISE DER GROSS-FIRMA

Auf dem Bildschirm des Computers sah Karl das Thema von so vielen Diskussionen, die SPS-Steuerung. „Ist das ein echtes Prozessleitsystem?" fragte er sich; mit einem Blick auf die Speicher-programmierbare-Steuerung (SPS) im Schaltschrank neben ihm. Er versuchte, sich auf positive Ergebnisse zu konzentrieren, aber seine Gedanken wanderten zu den eher problematischen Möglichkeiten, in denen sich dies alles abspielen könnte. Er konnte nicht die möglichen Risiken der Verwendung einer Standard-Funktion, nicht-redundanten SPS, für kritische Prozesssteuerung aus seinen Gedanken löschen, da er während seiner letzten beiden Projekt-Aufgaben Konfigurationsproblemen mit SPS-Systemen auf industrieller Prozessanwendung ausgesetzt war.

Dies ist die Story von zwei Ingenieuren - Robert Gassner und Karl Winkler - beschäftigt bei SONARES Engineering. Sie prüfen ein Prozessleitsystem.

Bevor wir mit der Geschichte vorangehen, erlauben Sie mir mehr über Robert und Karl mitzuteilen. Sie haben sehr unterschiedliche Charaktere. Robert, der leitende Ingenieur, ist ein echter Draufgänger, immer bestrebt, das Projekt voranzubringen und nicht zögernd, die Lorbeeren für jeden Fortschritt einzuheimsen, egal ob es seine Leistung war oder nicht. Karl, andererseits, ist fast ein Perfektionist, der immer auf der Suche nach besseren Möglichkeiten zu sein scheint. Er gilt als der Prozessleitsystem-Experte für diesen Auftrag, denn er war vor kurzem an einem ähnlichen Projekt beteiligt.

Obwohl Karl es vorzieht im Hintergrund zu sein, kann er sich energisch ausdrücken, wenn er sich ignoriert fühlt.

Die Erwartungen waren hoch für diese neue Version der Software. DDC3, die Beta-Version der dritten Generation, war angeblich sehr weit fortgeschritten. Sie wurde als Software mit allen Merkmalen eines modernen Prozesssteuerungssystems beschrieben, ein Subjekt mit dem sowohl Karl als auch Robert vertraut waren.

Robert und Karl drehten sich um, als sie hörten wie sich die Labor-Tür öffnete und sahen wie Jonas, der DDC3 Software-Vertriebsingenieur des Repräsentanten (der Firma des Herstellers), sich seinen Weg durch das Labyrinth der Instrumente, das den Raum füllte, bahnte. Er trug eine Kaffeetasse in jeder Hand und gab jedem von ihnen einen Kaffee, bevor er in seinem Stuhl (vor dem Computer für ein anderes Projekt) Platz nahm. Dies war Jonas Alltags-Routine und sie schätzten ihn.

Karl tippte auf die Computer-Tastatur und eine Reihe von Bildern erschienen auf dem Monitor. „Was meinst du?" fragte Robert, über Karls Schulter schauend. „Ich bin gerade dabei meine erste Grundregelkreis-Analyse zu machen. Die Abweichungsanzeige ist grün und der PID-Regelkreis sieht normal aus. Allerdings habe ich noch keine Prozess-Störung simuliert. Ich sollte das vorläufige PID-Profil am Ende des Tages haben", antwortete Karl.

„Das wollte ich hören", sagte Robert und sah sich die Computeranzeige etwas länger an. Dann wandte er sich wieder seinem Arbeitsplatz zu, trank einen Schluck Kaffee und ließ Karl sich auf seine Arbeit konzentrieren. Karl war sicherlich ein erfahrener Mess-und Regeltechnik-Ingenieur und wurde daher zur abschließenden Überprüfung des Prozessregelsystems eingesetzt. Wenn die Dinge sich weiter positiv entwickeln, würde das System bald für einen umfassenderen Probetest bereit sein.

Der Projektzeitplan sah vor, die Labortests und die Anwendungskonfiguration in drei Monaten zu beenden und, wenn die Gerüchte stimmten, würde diese Beta-Version im Operationszentrum des chemischen Anlagenkomplexes für eine abschließende Beurteilung installiert werden. Wenn sie dann für zwei Monate ihre Leistung in diesem Rahmen erfüllen würde, könnte das DDC3-Regelsystem voll in Betrieb gehen. Der Hersteller des DDC3-Systems hatte keine Zuverlässigkeitsdaten, denn dies war sein erstes System, das in einer kritischen Prozesssteuerung eingesetzt wurde. Eine ungewöhnliche Situation, wenn man bedenkt, dass das Verfahren in dieser Chemieanlage vom Sicherheitsaspekt aus als gefährlich zu betrachten war.

„Die Reglungsfunktionsliste sieht gut aus", sagte Robert und näherte sich dem Monitor, um eine detailliertere Ansicht zu erhalten. Er war kurzsichtig und jedes Mal, wenn er seine Brille abnahm, berührte seine Nase fast den Bildschirm. „Glaubst du, dass die Funktionen, wie sie dargestellt sind, arbeiten? ", fragte er.

„Die Funktionen oder deren Verknüpfung? Nun, in beiden Fällen ist die Antwort ja, hoffe ich, denn wir sind hier, um die Regelkreise zu konfigurieren und nicht die Funktionen zu korrigieren", bemerkte Karl.

„Hast du nicht eine wichtige Präsentation heute? ", fragte Karl. „Ja, am Nachmittag. Ich präsentiere beim Projektmanagement, und dann treffe ich mich mit Ben ", antwortete Robert (Ben Orborns war der Projektmanager).

„Ich hoffe, dass du ihm nicht mitteilst, dass alles perfekt ist, da die Inbetriebnahme der Basissoftware so lange dauerte, und da wir bis jetzt nicht eine einzige Funktion überprüft haben", antwortete Karl.

„Das will er aber hören, und ich muss ihm auch sagen, dass die Dinge gut vorangehen. Mit all den anderen Problemen bei diesem Projekt bin ich wirklich der Einzige, der mit positiven Nachrichten zu diesem Zeitpunkt aufwarten kann", entgegnete Robert.

Robert begehrte diesen Job. Der Politik der Bosse und dem Projektmanagement dienlich zu sein, machte weniger Spaß, aber er dachte, dass er kurz vor etwas Großem in seiner Karriere stand. Es war ein tolles Gefühl. Er überprüfte die Notizen für seinen Vortrag ein letztes Mal, und dann ging er zu seinem Mittags-Jogg. Jogging war sein Stressabbau-Mittel und mit der kommenden Herausforderung einer Präsentation, gefolgt von einer möglichen Kritik von Ben (dem Projektmanager), bezüglich des langsamen Regelsystem-Starts, benötigte er die beruhigende Wirkung, die diese Routine bot. Er beendete seine Route mit einem kurzen Spaziergang. Dann ging er in den Umkleideraum und zog einen ‚intelligent' aussehenden Anzug an, den er für die Präsentation mitgebracht hatte.

Er erreichte den Konferenzraum, griff nach einem Glas Wasser, und setzte sich in seinen Stuhl, gerade als Ben Orborns die Besprechung begann. „Guten Tag Alle, ich bin froh, dass ihr rechtzeitig hier seid" sagte Ben zu dem versammelten Projekt-Team, während er auf Robert blickte. Er ging einige allgemeine Projektelemente durch und verschob dann das Gespräch auf das

Prozessleitsystem, den Haupttagesordnungspunkt der Sitzung. „Ich habe Robert gebeten, uns eine Status-Abschätzung des Prozessregelsystems zu geben. Ihr wisst alle, dass Robert den Konfigurations- und Testaufwand dieses Systems führt. So, Robert, bitte fangen Sie an. Ah, und ich habe ihn gebeten, sich kurz zu fassen, damit wir genügend Zeit für Diskussionen haben."

Robert stand auf und versuchte, ein ‚Gefühl' für die Gruppe zu bekommen. Er war erfreut zu sehen, dass die Körpersprache aller Anwesenden freundlich und einladend war. „Hallo", sagte er und lächelte etwas unsicher, während er versuchte seine Nerven zu beruhigen. Dann begann er seine Präsentation. „Nun, wir haben soeben die neueste Softwareversion von DDC3 erhalten und, nach einigen kleineren Herausforderungen mit dem Laden des Programms, scheinen die Dinge in Ordnung zu sein. Auf der Liste der Steuerfunktionen sieht es so aus als ob die Einzelteile auf der Punch-Liste, die wir vor drei Wochen eingereicht haben, korrigiert sind. Wir werden morgen mit der Überprüfung dieser Funktionen beginnen. Es ist meine Erfahrung, dass Regelsysteme vorhersehbar sind", fuhr er fort. „Wir haben sehr selten Berichte von unerwartetem Verhalten, solange sie bestimmungsgemäß verwendet wurden."

„Warte", sagte Brian Gibson, der Senior Prozessingenieur. „Hat jemand dieses spezielle System-Modell nicht so verwendet wie erwartet und hatte dann ein negatives Ergebnis?"

Robert hielt inne, unsicher wie er die Frage beantworten sollte, und Ben schritt ein, um ihn zu retten. „Danke für die Aufmerksamkeit, Brian. Uns sind keine ungemeldeten Fälle bekannt. Wir wissen, dass das System in einer Pilotanlage irgendwo im Nordosten verwendet wurde ", fügte Ben hinzu. „Offenbar hatte es für fast ein Jahr sehr gut funktioniert."

„Welchen System-Leistungsnachweis in einer Prozessanlage, ähnlich der unsrigen, haben wir?" fragte einer der Projektingenieure, der meinte, dass die Leistungsfrage wichtig für die Diskussion sei. „Dies wird von Systemlieferanten direkt mit unseren Kunden abgedeckt", versicherte ihm Ben. Als Ben sich niedersetzte, versuchte Robert die Dinge zu beschleunigen. Der Hintergrundinformation über die Installation wurde zu viel Aufmerksamkeit geschenkt.

„Wenn wir diese Softwareversion testen, setzen wir unser Augenmerk auf Steuerungsoptimierung "; sagte Robert, mit einem Blick auf Brian. „Unsere Lösungen waren relativ einfach und praktisch umzusetzen. Wir reichten sie an den Systemanbieter und dessen Analyse zeigt, dass unsere Empfehlungen ganz einfach zu integrieren sind. Wir sind jetzt in der letzten Überprüfungsphase, und das System wird in ein paar Monaten für Live-Tests bereit sein." Die meisten Mitglieder des Projektteams nickten. Dann fragte ein Ingenieur: „Sie sagten Optimierung, als ob wir diese erfunden hätten. Ist das unser Design, oder das des Kunden und Lieferanten?"

Robert lächelte, aber seine Gedanken waren in Panik. Hier war es, das Thema, über das er mit Ben reden wollte, aber er würde es nicht hier diskutieren. Er war in erster Linie ein Team-Player. „Mein Ziel ist es ein Tool zu konfigurieren, das dann als Optimierungs-Design verwendet werden könnte." Es war das Beste, was ihm an Ort und Stelle einfiel, und er dachte, dass es ziemlich gut klang und fuhr fort:

„So hat sich die Prozesssteuerungstechnik immer weiterentwickelt." Der letzte Teil war nicht wirklich relevant, und er hoffte, dass man nicht nachhaken würde. Das Treffen verschob sich dann auf einen kommerziellen Schwerpunkt, und die Zeit verlief, bevor mehr unbequeme technischen Fragen gestellt werden konnten. Robert war erleichtert. Als Ben die Sitzung abschloss, fragte Robert ihn: „Kann ich mit Ihnen privat sprechen?"

„Gute Arbeit bei der Präsentation", sagte Ben, als sie zu seinem Büro gingen. „Möchten Sie etwas trinken? Wasser? Tee? Kaffee?"

„Nein, danke", sagte Robert, und setzte sich an den kleinen Tisch neben Bens Schreibtisch. Er verließ das Projekttreffen, zufrieden, dass er vermieden hatte, Ben in einem offenen Forum in Verlegenheit zu bringen. Nun, da sie allein waren, würde er seine Bedenken äußern und Bens Unterstützung für eine Lösung suchen.

Ben nahm einen Schluck, als er Robert ansah. „Ihr Ersuchen, mit mir zu sprechen, klang dringend. Sie haben doch kein anderes Jobangebot bekommen, haben Sie? Oder wollen Sie zu einem anderen Projekt versetzt werden?" Er war nur halb scherzend, immer besorgt Schlüsselpersonen zu verlieren.

„Nichts dergleichen", sagte Robert und schüttelte den Kopf. „Es geht um unsere Systemzuverlässigkeit. Sie wissen, dass Karl ernste Bedenken über die Systemzuverlässigkeit in unserer Anwendung hat, und ich habe auch welche. Nun, da wir näher zur realen Systemanwendung kommen, haben diese Besorgnisse nicht nachgelassen. Ich hoffe, dass Sie einige Ratschläge für mich haben."

Er beobachtete Ben und wartete. Er wusste, dass Ben nicht glücklich sein würde mit dem was er zu sagen hatte und versuchte, Zeit zu gewinnen. „Kann ich ein Glas Wasser haben?" Ben nahm ein Glas Wasser von seinem Wasserkühler und nahm wieder Platz. Er sprach nicht, was Robert die Gelegenheit gab, seine Meinung zu sagen.

Robert nahm das Glas, hielt es für einen Moment, und stellte es ohne zu trinken wieder auf den Tisch. „Denken Sie darüber nach, wir sind gerade im Begriff ein SPS-System zu installieren, dass seine Zuverlässigkeit der Prozesskontrolle noch nicht nachgewiesen hat, und all das in einer chemischen Anlage. Ich denke, dass Karl eine berechtigte Sicht auf dieses Sicherheitsproblem hat und er kritisiert mich, das Projektteam nicht darüber hinreichend zu informieren. Ich bin besorgt, dass er es dem Kunden mitteilen könnte." Ben blieb ruhig, und Robert fuhr fort „Karl weiß wirklich, was Zuverlässigkeitsangelegenheiten mit einer Regelung bedeuten. Er hatte Probleme mit einem ähnlichen System bei seinem letzten Projektauftrag. Und wir wissen beide, dass ich ursprünglich schon der Auswahl dieses Systems für unser Projekt widersprochen habe."

Ben verschränkte die Arme vor der Brust. „Wow! Sie wissen wirklich, sich selbst zu verteidigen. Sie und Karl haben das System ja für mehr als zwei Monate getestet, und Sie erzählen mir jetzt, kurz vor der geplanten Installation, dass das Steuersystem möglicherweise nicht funktioniert." Er runzelte die Stirn. „Ich muss zugeben, ich bin frustriert, wenn ich Sie sagen höre, dass Sie ursprünglich widersprochen hätten. Sie wissen genau, als damals der Kunde dieses System auswählte, sagten Sie, dass diese Technologie zwar nicht bewiesen sei, aber, dass Sie zuversichtlich sind, dass wir sie einsetzen können." Er machte mit seinen Händen ein Anführungszeichen in der Luft, als er den Satz beendete. „Also, was ist los? Wollen Sie sagen, dass das System außer Kontrolle geraten wird und nicht zuverlässig genug ist die Anlage zu steuern?"

„Nein; in dieser Phase des Projekts können wir nicht zum Kunden gehen und ihm sagen, dass alle anderen Teile des Projekts startbereit sein werden, aber das Steuersystem möglicherweise nicht", äußerte Ben; er hielt inne und Frustration wurde in seiner Stimme hörbar. „Nicht in meinem Projekt", sagte er, indem sein Finger auf Robert zeigte. „Sie und Karl müssen die Probleme schneller lösen." Ben stand auf und starrte ihn solange an bis Robert auf den Tisch schaute. „Das ist Ihr Job". Sein Ton war anklagend und Robert errötete. „Wir wollen es in sechs oder sieben Wochen fertig haben", fügte Ben hinzu. Robert hatte gehofft, dass Ben die Anweisung geben würde „den Test ganz langsam durchzuführen, um sicherzustellen, dass alles in Ordnung ist". Stattdessen steuerte Ben in die entgegengesetzte Richtung und verlangte den Abschluss der Systemverifikation vor dem offiziellen Zeitplan. Robert sagte: „Wir werden unser Bestes tun" und verließ das Büro.

Auf dem Weg zurück ins Labor schaute er auf seine Uhr; es war fast 16:00 Uhr. Er hielt an und beschloss umzudrehen und in sein Büro zu gehen. Er wollte nicht Karl treffen und ihm sagen müssen, was beim Gespräch mit Ben passiert war. Er zögerte, dachte über sein bisheriges Berufsleben nach und darüber, wie kritisch Karl über seine Abwicklung des Projekts dachte. Er blickte auf den Schreibtisch in seinem Büro und nahm dann seinen Mantel vom Bügel. Er war enttäuscht, denn er war zu Ben gegangen, um eine Lösung zu bekommen, und stattdessen wurde er stärker unter Druck gesetzt. Robert beschloss, nach Hause zu gehen.

Am nächsten Tag um 7:30 Uhr, als Robert ins Labor ging, saß Karl bereits vor dem Monitor und blickte ihn mit einem ungewöhnlich schweren Ausdruck an. „Was hast du ihnen gesagt?", fragte er.

„Ich sagte ihnen, dass die Dinge im Grunde in Ordnung sind, aber dass wir immer noch einige Softwareprobleme mit der System-

15

Zuverlässigkeit haben", antwortete Robert. „Was sollte ich sonst sagen?"

„Warst du in der Lage, Ben privat zu treffen?", fragte Karl.

Robert nickte und zitterte sichtbar, als er sagte: „Ja, und anstatt uns eine Atempause für diese Verifikations-Aufgabe zu geben, teilte er mir mit, dass wir alle Tests innerhalb von sechs Wochen beenden müssen." Und obwohl Karl ihn entsetzt anstarrte, fügte er hinzu: „Und ich denke immer noch, dass es mit dem neuen Software-Release eine Chance für uns gibt, rechtzeitig fertig zu werden."

„Nun, wenn man bedenkt, was bisher bei den letzten drei Software-Versionen passiert ist, weiß ich nicht, in welcher Welt du lebst", antwortete Karl ruhig. Er bemühte sich, sich nicht aufzuregen, aber er wollte unterstreichen, was er als Realität der Situation ansah.

Karl blieb ruhig und fuhr fort. „Ich will dir sagen, was gestern passiert ist, während du in der Besprechung warst. Hank Gruhn, der Anlagenleiter des Kunden, der, wie du erwähntest, an der System-Auswahlentscheidung beteiligt war, kam mit der System-Wartungsgruppe vorbei; du solltest froh sein, dass du in der Sitzung warst und nicht hier. Dies war offenbar das erste Mal, dass diesen Leuten aus der Anlage mitgeteilt wurde, dass sie ein SPS-basiertes Prozessleitsystem bekommen ", sagte Karl. „Ich konnte kaum glauben, was ich hörte. Ich war einfach erstaunt".

Ein Techniker fragte: „Hank, du sagtest, dass wir eine neue Art von Steuersystem bekommen, wo sind die Regler?" Hank antwortete ihm, dass es keine physischen Regler mit dieser neuen Art von Systemen gibt; „alles befindet sich in dieser CPU", sagte er, während er auf das SPS-System im Schrank zeigte. „Du brauchst nicht mehr so viele verschiedene Geräte zu berücksichtigen. Keine

Sorge Jungs, ihr werdet reichlich Training erhalten, bevor wir mit diesem System online gehen".

Robert unterbrach Karl und fragte „Hat Hank dich ersucht eine Präsentation zu geben?" Er war besorgt, dass Karl negative Bemerkungen über die Fähigkeit des Systems gemacht haben könnte. „Zum Glück nicht", antwortete Karl; „Ich hatte das Gefühl, er wollte die Besichtigung so kurz wie möglich machen, da er ihnen sagte, sie müssten anschließend zu einer Besprechung gehen."

„Wo liegt das Problem?", wollte Robert wissen und setzte sich nieder.

„Nun, ein paar Minuten, nachdem die Gruppe das Labor verlassen hatte, kam einer der Männer zurück, sagte, er sei der Wartungsleiter und fragte mich, was ich über dieses System dachte und wann es für die Anlagen-Tests bereit stehen würde", antwortete Karl und fuhr fort: „Ich habe nicht gewusst, was ich ihm mitteilen könnte, und sagte, dass die Projektleitung von SONARES Engineering darauf hingewiesen wurde, dass sein Projektteam den Anlagen-Test für das System in ein paar Monaten geplant hat. Das Wartungsteam schien keine Idee zu haben, was sie bekommen werden. Seltsam."

Robert, war erleichtert, dass Karl seine Bedenken während dieses Kundenbesuches nicht geäußert hatte. Er antwortete: „Nun, das Ganze verlief relativ glatt. Worüber bist du dann besorgt?"

Karl dachte „Ich kann meine Befürchtungen nicht vermitteln, selbst an Robert, und er kennt die Umstände. Dies ist eine Situation, in der ich lange Zeit versucht habe meinen Kollegen mitzuteilen was ich denke, aber sie wollen mich einfach nicht verstehen". Es schien, je mehr Karl Robert zu überzeugen versuchte, umso mehr lehnte dieser ab. Karl irritierte dieses Verhalten und seine Stimme wurde laut: „Für den Fall, dass die Dinge außer Kontrolle geraten mit diesem SPS-System, und meiner Meinung nach werden sie es, glaube ich, ist es unsere Pflicht, dem Kunden mitzuteilen, dass wir ein automatisches Redundanzsystem benötigen".

„Ist das nicht der Grund, warum wir vor ein paar Monaten einige analoge Stationen hinzufügten?", antwortete Robert. Er bezog sich auf die Hand-Hilfs-Regler, die als Ausfall-Schutz Anfang des Monats auf Karls Drängen hinzugefügt wurden. Diese manuellen Geräte werden durch einfache Schalter gesteuert: „Aus" - wo sie nichts tun und die SPS-Steuerung bei voller Leistungsfähigkeit funktioniert, oder „Ein" - wo die SPS-Ausgangssignale manuell übergangen werden.

Karl holte tief Luft und erhob seine Stimme: „Wie oft muss ich dir sagen, dass ich nicht glaube, dass dies funktionieren wird, auch wenn diese manuellen Stationen hinzugefügt werden. Es ist einfach nicht ausreichend, um die Anlage unter Kontrolle zu halten", sagte Karl.

„Ich verstehe es nicht. Handbedienung bei einer SPS-Funktionsstörung; warum soll das nicht funktionieren? " Frustration wurde in Roberts Stimme bemerkbar: „Okay, angenommen ich bin der Betreiber. Ich beobachte die Anlage und das SPS-Steuerverhalten, meine Besorgnis wächst und ich entscheide, zur manuellen Kontrolle zurückzukehren."

Karl nickte, um zu zeigen, dass er Roberts Aussage folgte; dann seufzte er und unterbrach Robert: „Du hast die komplette Redundanz-Reglungsoption noch nicht durchdacht. Wir müssen nicht nur Kontroll-Redundanz haben, aber das Wichtigste ist, dass wir die richtigen automatischen Fallback-Eigenschaften in den

Regelfunktionen haben, oder das wird alles in einer Katastrophe enden." Er fügte hinzu; „Obwohl dies erhebliche Kosten bedeutet, wir brauchen diese wirklich."

„Nun, diese auf den neuesten Stand gebrachten Funktionen sollen ja in dieser Software-Version enthalten sein. Warum bist du immer so aufgebracht? ", entgegnete Robert.

Karls Ton wurde wütend und sein Gesicht errötete. „DDC3 dritte Generation Frankenstein" ist der Begriff, den mehrere Personen privat in diesem Labor verwenden." sagte er. „Du weißt nicht einmal, dass sich dieses Gespräch sich auch außerhalb dieser Laborwände ausgebreitet hat." Und Karl fand die Kraft, um seiner Worte etwas Durchsetzungsvermögen hinzuzufügen. „Und ich denke immer noch, dass wir uns energisch für das gesamte Spektrum der Funktionen einsetzen müssen - für alle komplexen Regelkreise automatische Redundanz und Fallback-Funktionen. Dies sind Standard-Features von Prozessleitsystemen für diese Art der Anwendung in einer Chemie Anlage. Das ist der Grund, warum ich das immer wieder betone. Natürlich wäre die richtige Lösung für diese Anwendung ein vollständig redundantes Automatisierungs-system gewesen, wie ich es am Anfang schon dargelegt habe. Leider bieten SPS Lieferanten wie unser Anbieter diese Lösung noch nicht an."

„OK, OK, ich höre dich" konterte Robert. „Lass uns mit den Funktionstest vorankommen. Diese ständige Kritik an der fehlenden Redundanz-Steuerung bringt nichts in Bezug auf die Konfiguration der Funktionen für die Basisregelkreise. Sie ist die Hauptaufgabe, die wir hier zu vervollständigen haben." Karl geht offenbar auf Roberts Nerven, aber tief im Inneren weiß Robert, dass Karl Recht hat.

Und Karl konnte das Gespräch nicht beenden, ohne dass das letzte Wort zu haben. „Willst du sagen, dass diese Zuverlässigkeits- und Anwendungsfragen nicht kritisch sind?" fragte er Robert. „Dies sind nicht nur kleine Streitereien unter uns", fügte er hinzu.

Karl stand auf, pausierte für ein paar Sekunden, legte dann seine Hände in die Taschen seiner Jacke und sagte mit einem Gefühl der Finalität. „Ich glaube, wir müssen andere mit einbeziehen. Es steht hier zu viel auf dem Spiel. Aber wir brauchen weitere Informationen, bevor wir beginnen rote Fackeln abzubrennen. Diese Politik der großen Unternehmen macht die Kommunikation so kompliziert."

Der ganze Vormittag war fast vorüber und beide, Robert und Karl, waren zunehmend frustriert über die konfrontative Haltung des jeweils anderen. Robert beabsichtigte zu einer weiteren Besprechung, in Bezug auf Regelsystem-Ausbildungsfragen, zu gehen und verließ das Labor, ohne ein Wort zu Karl zu sagen.

Karl startete das SPS-System wieder und legte die Füße auf den Tisch, während er auf dem Bildschirm die Boot-Meldungen beobachtete. Seine ruhigen Momente wurden unterbrochen, als zwei Techniker herein hasteten, sich auf dem Boden hinter dem SPS Schrank setzten und eine Zugangsabdeckung öffneten um etwas Verstecktes im Inneren zu bearbeiten. Karl sah für einige Augenblicke zu, dann sagte er. „Ihr scheint es ziemlich eilig zu haben."

„Oh!", sagte einer der Techniker, deutlich aufgeschreckt. „Tut mir Leid, Sir, wir wussten nicht, dass jemand hier war."

„Was geht hier vor? ", fragte Karl und erhob sich von seinem Stuhl.

Einer der Männer, mit einem Gerät in der Hand, stand auf und antwortete „Wir machen Vorbereitungen für eine Systemerweiterung." Er überprüfte das Gerät, während er sprach, dann nach unten geneigt, zeigte er es seinem Partner. „Passen Sie auf mit diesem Anschluss, wenn Sie ihn reinstecken." Er stand wieder auf und sah Karl an. „Wir konfigurieren das System für Redundanz. Dafür ist dieses Verbindungskabel." Karl sagte „ja, ich weiß." Er war verblüfft dass die Umrüstung so schnell gemacht wurde.

Das war nicht die Nachricht, die er an diesem Nachmittag erwartet hatte. Er freute sich, und bedauerte die konfrontative Haltung, die er gerade im Gespräch mit Robert hatte. „Wir werden auch Parallel-IO-Kabel installieren, falls diese Änderung genehmigt wird." sagte einer der Techniker.

„Nun, das ist noch besser. Wer gab die Anordnung für das alles? ", fragte Karl.

„Meine Güte, Sir, wir arbeiten für einen privaten Auftraggeber, und ich habe diese Aufträge von meinem Chef bekommen."

In Anbetracht der Tatsache, dass Finanzmittel und Zeit für dieses Projekt knapp sind, war Karl sehr überrascht, wie schnell man sich um die Redundanzmaßnahmen kümmerte. Er fühlte sich wieder ernst genommen und war fast überglücklich.

Mit der gestarteten SPS begann Karl wieder seine Steuerungsfunktionstests. Er konfigurierte einen einfachen Vorwärtskopplungs-Regelkreis mit einer Analysator-Feedback-Regelung. Er kontrollierte die Man-Auto-Cas Betriebsarten und setzte ein simuliertes Analysesignal ein, um das Verhalten des Regelkreises zu überprüfen. Der Regelkreis verhielt sich normal, solange er das Analysator-Feedback-Signal im normalen Bereich manipulierte. Dann zog er das Signal über den oberen Grenzwert, um eine Analysator Fehlfunktion zu imitieren. Statt automatisch einen Fallback-Wert (Ersatzwert) einzunehmen, öffnete sich der Regelkreis, und verursachte einen ‚Null' (defekten) Ausgang. „Verdammt! wieder das gleiche Desaster" schreit Karl. „Werden diese SPS Entwicklungsingenieure jemals verstehen, wie Prozessregelung funktionieren soll? Sie haben nicht das geringste Verständnis für Sicherheit und Anwendungs-Know-how das erforderlich ist, um eine Prozessanlage zu steuern. Das ist wirklich beängstigend!"

Karl verbrachte weitere zwei Stunden an der Punch-Liste um zu überprüfen, ob die Softwarefehler korrigiert wurden. Die meisten von ihnen waren nicht behoben. Er war nicht sicher, ob die Programmierer einfach die Funktionsanforderungen nicht verstehen, oder ob der Systemanbieter diesem Projekt nicht eine hohe Priorität zuweist. Wie auch immer, er war sehr entmutigt und als Robert von seinem Treffen zurückgekehrte, sagte er „Wir kommen mit dieser Software nicht voran und meine Kritik findet bei den damit befassten Personen kein Gehör. Wie also können wir konstruktiv agieren, dass die Probleme behoben werden?" Und er folgerte „Sprechen wir mit den richtigen Leuten?"

Robert, sichtlich beunruhigt, antwortete „Karl, mein Treffen bezüglich der Systemschulung ging nicht gut, können wir dies morgen besprechen?"

„Natürlich ", sagte Karl „Ich werde die Probleme, die ich gerade gefunden habe, notieren und wir können die Situation morgen diskutieren." Karl konnte an Roberts Gesichtsausdrück sehen, dass er unter Stress stand und deshalb jede Diskussion verschieben wollte.

„Was für ein Wechselbad der Gefühle", flüsterte Karl zu sich selbst, sein Ausbruch über SPS Ingenieure war ihm peinlich. Vor einer Stunde war er noch begeistert, die Redundanzkabelinstallation zu sehen und jetzt geschah dies. Er fühlte Unbehagen über diese Wendung der Ereignisse. Es schien fast hoffnungslos. Es war nicht die Tatsache, dass viele Dinge auf der Punch-Liste nicht behoben wurden, die ihn so sehr aufgeregte. Es war, dass dieselbe Situation, die an seinen beiden vorherigen Projektarbeiten passierte, sich während der letzten zwei Monate hier zu wiederholen schien. Und innerhalb dieses großen Engineering-Unternehmens, mit seiner vielschichtigen Organisation, war seine Unfähigkeit, diese Probleme in einem vernünftigen Zeitrahmen zu bewältigen, sehr frustrierend und stressig. Er erinnerte sich lebhaft an die Paniksituationen, die diese Arten von Fehlfunktionen beim Systemstart in der letzten Anlage verursachten, und die Sündenbock Jagd, die folgte.

Karl entschied, dass er am Nachmittag nach Hause fahren würde. Der Abstand würde ihm Raum und Perspektive geben, die er brauchte, um die Situation zu durchdenken. Die Großunternehmens-Politik beeinflusst ihn, und er glaubte, dass seine Tätigkeit mit dieser Gruppe, trotz seiner Bemühungen, die Qualität seiner Arbeit reduzieren würde. Es würde auch seine Beförderungschancen in der Firma beeinflussen. Emotional aus dem Gleichgewicht, fing er an, seine persönlichen Gegenstände in Vorbereitung für die Heimreise zu sammeln. Die halbe Stunde Heimfahrt war wie ein Nebel. Er erkannte, dass er müde war und wollte verzweifelt seine Last durch eine Beratung eines vertrauenswürdigen Freundes erleichtern.

Hilde Huber war seine offensichtliche Wahl. Sie hatte früher für ein Groß-Technologie-Institut gearbeitet und dann, seit über zehn Jahren, managte sie ihr eigenes Unternehmen mit rund einem Dutzend Mitarbeitern. Sie war schon immer eine wertvolle Bekanntschaft und er war sicher, dass sie ihm zuhören und ehrliche Empfehlungen geben würde. Als er nach Hause kam, ging er direkt zum Telefon und rief an. Hilde hob ab. Karl, immer noch aufgeregt, sagte: „Hallo Hilde, es tut mir leid, dich zu dieser Tageszeit zu stören."

„Nun", antwortete sie „vor zehn Minuten war ich noch in einem Geschäft um neue Vorhänge zu kaufen, da hättest du mich nicht erreicht. Du klingst bekümmert Karl. Stimmt irgendetwas nicht?"

„Ja, die Dinge laufen im Büro und im Labor nicht gut. Ich entschuldige mich, dich mit meinen persönlichen Sachen zu belästigen."

„Oh, nein Karl, entschuldige dich nicht", antwortete sie, „wofür sind Freunde da? Erzähl mir was passiert ist."

„Nun, es ist nicht nur dieser Vorfall. Es scheint, als ob eine Sache nach der anderen mit meiner Arbeit in diesem Engineerings-Unternehmen schiefgeht. Daher suche ich schon seit fast einem Jahr nach einer beruflichen Veränderung."

„Wow, du weißt wirklich, wie man jemanden überraschen kann. Wie kommt es, dass du dies nicht vorher erwähnt hast?"

„Ich wollte warten, bis die Schwierigkeiten, die ich in diesem Projekt habe, behoben sind, bevor ich etwas unternehme, um diese Firma zu verlassen. Und selbst jetzt, zwingt mich sowohl mein moralischer als auch emotionaler Kompass, engagiert zu bleiben, bis die wichtigsten Probleme gelöst sind. Ich muss meinen Chef über meine Pläne der Beendigung des Arbeitsverhältnisses wissen lassen, so dass er Zeit hat, einen anderen Ingenieur für diesen System Check-out einzuarbeiten."

„Hast du bereits einen anderen Job gefunden?", fragte Hilde.

„Nein, aber ein Freund von mir, du kennst ihn ja, Martin Egger, der gerade in einem Startup-Unternehmen angefangen hat, hat mit mir mehrmals über einen Job gesprochen."

„Aber wird ein Job bei einem Start-up Unternehmen die richtige Entscheidung für dich sein, einem Ingenieur, der so viele Jahre für ein großes Unternehmen gearbeitet hat? **Herauszufinden, in welcher Umgebung du am besten arbeiten kannst, ist genauso wichtig, wie für welches Unternehmen du arbeiten willst"** erwähnte Hilde, und gab ihm den Ratschlag. „Bevor du dich entscheidest, welcher Weg der richtige für dich ist, zieh ein paar grundlegende Dinge in Betracht."

„OK" antwortete Karl „Ich schätze deine Hilfe."

„Gern geschehen", sagte Hilde und fuhr fort. „Das erste für dich ist, dein Karriereziel festzulegen. Denke darüber nach, wo du dich in zwanzig Jahren befinden möchtest. Hoffst du, eines Tages eine Top-Level-Führungskraft in einem großen Unternehmen zu sein? Oder hast du einen unternehmerischen Geist mit einer Leidenschaft für die Gründung einer eigenen Firma? Während du über den Beitritt zu Martins Start-up nachdenkst, übersehe nicht, dass größere und etablierte Unternehmen dir wahrscheinlich bessere Bezahlung und Krankenversicherung bieten. Aber, es kann fünf Jahre oder länger dauern, bis du eine deutliche Gehaltserhöhung oder Beförderung in einer solchen Firma siehst. Start-ups haben in der Regel eine flache Organisationsstruktur und bieten dir Gelegenheit, deine Fähigkeiten in einer kurzen Zeitspanne zur Geltung zu bringen. Da viele Start-ups scheitern, ist die Arbeitsplatz-Sicherheit kein Pluspunkt. Und dies wäre nur eine der Überlegungen für dich."

Hilde fuhr dann fort „Hast du wirklich deinen Arbeitsstil und deine Leidenschaft entdeckt? Bist du erfolgreich in eng zusammen arbeitenden Teams und einer entspannten Unternehmenskultur? Oder arbeitest du am besten in einer stärker strukturierten Unternehmensumgebung, die mehr Work-Life Balance bietet? Nimm dir Zeit, um zu entdecken, wie du es vorziehst zu arbeiten, um nicht in einem frustrierenden Job zu landen, der deine persönliche und berufliche Entwicklung hemmt. Denke noch einmal über deine ultimative Arbeitsplatz-Freude, einschließlich deiner Stärken und Schwächen und deiner Rolle in einem Team nach."

Karl sagte: „Ja, du hast Recht. Es gibt viele Dinge, die ich überprüfen muss."

Hilde fuhr fort „Und stelle sicher, dass du das Geschäftsmodell wählst, das deinen Karriereweg unterstützt. Also, welche Art von Position will Martins Startup-Unternehmen füllen? Die am höchsten dotierten Positionen sind in der Geschäftsführung, Vertrieb und Marketing, nicht unbedingt im Ingenieurbereich. Obwohl der Bedarf an Ingenieuren steigt, also, ein Mensch wie du mit soliden technischen Fähigkeiten kann ein Gewinn in einem Startup-Unternehmen sein. Solltest du dich entscheiden, die Firma zu wechseln, versuche wenigstens sicherzustellen, dass es profitabel ist."

Hilde verharrte und endete mit der Äußerung „Karl, du musst wissen, welche Vorteile du von einem großen Unternehmen oder einer Start-up Firma erwarten kannst - große vs kleine Firma. In einem etablierten Unternehmen wirst du wahrscheinlich nach einem festgelegten Zeitplan arbeiten, typisch von acht bis fünf. Und wie du weißt, gibt es in der Regel viele Hierarchiestufen für Manager, Direktoren und Top-Level-Führungskräfte, so dass du davon ausgehen kannst, die Unternehmensleiter langsam zu erklettern, um mehr bezahlt zu bekommen und Anerkennung zu erhalten. Aber ich denke, dass du diese Situation bereits gut kennst. In einer Startup Firma kannst du von langen Arbeitszeiten ausgehen und du wirst in kleinen Teams arbeiten. Startups sind transparent und du wirst wahrscheinlich die Performance des Unternehmens von Woche zu Woche erleben. Du wirst wahrscheinlich auch viele verschiedene ‚Hüte tragen‘ müssen und möglicherweise die Führung von Projekten übernehmen, von denen du vielleicht wenig verstehst."

„Du hast mir viel zu denken gegeben", sagte Karl, „Ich möchte dich mit beiden Armen umarmen, aber leider sind wir am Telefon. Es wird einige Zeit dauern, um dies alles zu verdauen."

„Keine Sorge", sagte sie. „Versprich mir, dass du dich nicht überlastest und dass du deine Chancen in Ruhe einschätzt." An diesem Punkt fügte sie hinzu „Und zögere nicht, mich anzurufen, wenn du Hilfe benötigst. Also, stelle sicher, dass du alles durchdenkst, bevor du irgendwelche Schritte unternimmst "; dann legte sie auf.

Am nächsten Tag, während seines morgendlichen Joggens, nutzt Karl die Zeit, um einen klaren Kopf zu bekommen und seine Optionen abzuwägen. Er hat bei jedem Schritt seiner Karriere schwer angepackt, akzeptierte den Druck von oben, und versuchte mit Ingenieuren wie Robert zu arbeiten. Während er joggte, war er mehr und mehr davon überzeugt, dass in den großen Engineering-Unternehmen, auch wenn die Dinge größtenteils in Ordnung waren, sein Beitrag, auf den er so stolz ist, nie wirklich geschätzt wurde. Auf der anderen Seite behandelte ihn dieses Engineering-Unternehmen in all diesen sechs Jahren, die er mit ihnen verbrachte, sehr gut. Das Unternehmen war nicht für die technischen Schwierigkeiten, mit denen er während der letzten paar Monaten konfrontiert war, verantwortlich, sagt er zu sich selbst. Er empfand, dass sein Chef zumindest der erste in der Firma sein sollte, der seine Absicht erfährt, die Firma zu verlassen.

Karl war nervös, aufgeregt und verzweifelt, und versuchte eine Lösung für sein Problem voranzutreiben. Er legte die belgischen Waffeln, die er regelmäßig zum Frühstück hatte, schnell wieder auf den Tisch. Außerdem vergaß er seine üblichen Tassen Kaffee und konnte es nicht erwarten, Hilde wieder anzurufen. „Hilde", sagte er, „ich glaube, ich habe mich entschlossen. Ich werde diesen Job aufgeben und bei der kleinen Firma anfangen. Ich werde meinen Chef anrufen und mit ihm darüber sprechen."

„Nun, lass nicht deinen Chef von deinen Überlegungen wissen, dass du planst die Firma zu verlassen; Du suchst Rat an der falschen Stelle." Antwortete Hilde und fuhr fort „Vorausgesetzt du hast einen besonderen Chef, der sich mehr Sorgen um deine Zukunft als über seine eigene oder die des Unternehmens macht, tue dies bitte nicht. Betrachte jede Diskussion über deinen möglichen Rücktritt als gleichbedeutend, ihn auch durchzuführen. Sobald du die Katze aus dem Sack gelassen hast, wird es schwierig sein, sie wieder zurückzubringen. Die Absicht kommt möglicherweise unter deinen Kollegen raus, und dies kann ihre Haltung dir gegenüber beeinflussen. Dein Chef kann das was du offenbarst, als Indiz dafür sehen, dass du auch weiterhin auf Job-Suche sein wirst, auch wenn du diesen Job nicht nehmen würdest. Und, wenn du noch keine feste

Entscheidung getroffen hast, all das Gerede kann dazu führen, die falsche Entscheidung zu treffen." Und sie fuhr fort. „Ich bin davon überzeugt, dass das Einholen von Ratschlägen bei einem möglichen Jobwechsel sinnvoll ist. Aber ich denke, es ist gefährlich, eine solche Beratung bei Menschen zu suchen, deren eigener Arbeitsplatz und Leben durch deine Entscheidung beeinflusst wird."

„Karl, du musst über die Entscheidung die Firma zu verlassen absolut sicher sein", sagte Hilde. „Das mag selbstverständlich klingen, aber du solltest deinen neuen Job vertraglich sicher haben, bevor du deinen jetzigen kündigst. Der Moment der Kündigung ist nicht Teil des Entscheidungsprozesses. Während dein Rücktritt ein Gegenangebot auslösen kann, das du vielleicht auch akzeptieren könntest, sollte ein Gegenangebot nicht die motivierende Kraft hinter einem Rücktritt sein;" sagte sie. „Außerdem könntest du dich während der Kündigung unwohl fühlen, wenn du befürchtest, dass dein Arbeitgeber versuchen wird, dich davon abzubringen. Wenn du dich von deiner Entscheidung abbringen lässt, basiert sie nicht auf einem soliden Fundament. Möglicherweise gibt es andere Kriterien, die für dich von Bedeutung sind, aber verpasse nicht diese grundlegende hier."

„Lass mich etwas aus eigener Erfahrung erwähnen", sagte Hilde „Du nimmst einen Job an, weil Technologie und Produkte für dich etwas positives haben? Nur weil die Technologie ‚Leading Edge' ist, bedeutet dies nicht, dass dies für dich einen Wert hat. Was zählt ist, ob diese Technologie in deine Zukunftspläne passt. Wirst du mit Menschen arbeiten, deren Einstellungen, Ziele und Stil für dich selber ein gutes Beispiel sind? Bewegst du dich in einem geschäftlichen Umfeld, wo du sehr zufrieden sein wirst? Vielleicht habe ich dies gestern schon alles erwähnt", sagte Hilde, „aber es ist so wichtig, dass es sich lohnt, sich zu wiederholenden"

„Außerdem, wirst du in diesem neuen Job mehr Kenntnisse bekommen als du bereits hast, bezüglich deiner Arbeit? Dies bezieht sich sowohl auf die formale als auch auf informelle Bildung. Und, wirst du verdienen, was du wert bist? Überdies finde heraus, wie Menschen, die das Unternehmen verlassen haben, behandelt wurden. Haben sie die Lohnnachzahlung, die man ihnen schuldete, bekommen? Wie wurde nicht genommener Urlaub gehandhabt? Während Einzelpersonen anders behandelt werden können, wirst du in der Lage sein, besser zu planen, wenn du die typische Erfahrung kennst. Und kündige niemals, es sei denn, du hast das Angebot von deinem Freund Martin schriftlich. Ich habe Stellenangebote kurz vor und auch nachdem ein neuer Mitarbeiter für die Arbeit eintrifft, zurückgezogen gesehen. Ich habe auch Kandidaten gesehen, die, als sie zur Arbeit kamen, erfuhren, dass die Position und der Titel nicht genau dem entsprachen, was ihnen versprochen wurde, und dass die Arbeitsbedingungen sich verändert hatten. Vermeide Überraschungen; ein schriftliches Angebot, das alle Details enthält, macht es weniger wahrscheinlich, dass es zu Missverständnissen kommt, als ein mündliches. Ein schriftliches Angebot gibt dir auch ein juristisches Mittel, deine Position in einer Kontroverse zu unterstützen."

„Ich schätze die gute Beratung ", sagte Karl. „Teilweise habe ich dies schon letzte Nacht durchdacht. Ich konnte kaum schlafen. Ich dachte auch über das Kündigungsschreiben nach."

„Nun, es gibt sicherlich viel zu berücksichtigen, wenn du deinen Rücktritt einreichst", sagte Hilde. „Gib dein Kündigungsschreiben zuerst deinem Chef, möglichst privat; dann reiche der

Personalabteilung eine Kopie nach. Sobald du hinter verschlossenen Türen bist, brauchst du zu deinem Chef nur sagen: ‚Es tut mir leid, Ihnen mitzuteilen, ich kündige meine Position'. Es ist keine gute Idee, dass dein Chef von jemand anders über deine Kündigung erfährt, so überlege es dir zweimal, wem du dich anvertraust. Der Brief sollte nur einen Satz umfassen, weil, um zynisch zu sein, davon Karrieren abhängen können. Es kann sogar einen rechtlichen Effekt haben. ‚Ich, Karl Winkler, kündige hiermit meine Position mit SONARES Engineering'. Das ist alles. Unterzeichnen, zukleben und abliefern. Alle weiteren Details können durch Diskussion besprochen werden. Falls du aus irgendeinem Grund gezwungen wirst, rechtliche Schritte zu unternehmen (zu klagen), oder falls das Unternehmen dich verklagt, für, z.B. Informationsdiebstahl, kann alles, was du in dem Brief notiert hast, gegen dich verwendet werden".

„Auch, erkläre nichts. Beschwere dich nicht. Und, denke daran, wenn du einen festen Entschluss gefasst hast, einen neuen Job anzunehmen, soll deine Kündigung nicht zu einer Diskussion darüber führen, was notwendig wäre, um dich zum Bleiben zu bewegen. Ebenso sollte deine Kündigung nicht ein Forum sein, indem du erklärst, was bei der Firma falsch läuft. Erläuterungen führen zu Beschwerden, und Beschwerden können zu Problemen führen. Auch wenn die Personalabteilung möchte, dass du alle deine Gedanken und Gefühle in einem Austrittsgespräch teilst, die Zeit der Kündigung ist nicht die Zeit Firmenprobleme zu beheben. Solche Treffen können unter den richtigen Umständen hilfreich sein, aber meiner Meinung nach ist dies keine Zeit, um dein Herz zu öffnen und alles auszuplaudern. Es ist zu riskant, und es gibt null Vorteile für dich. Ich würde höflich ablehnen. Wenn deinem Chef oder der

Personalabteilung die Probleme, die dich zum Rücktritt geführt haben, nicht bekannt sind, dann taten sie zu wenig und sie fragten zu spät. Alles, was du sagst könnte dir Schwierigkeiten bringen. Öffne dich nur für diejenigen, denen du vertraust, und nur soweit es wirklich darauf ankommt."

„Darüber hinaus, behalte deine Zukunftspläne für dich selbst. Es scheint nett zu sein, die neue Adresse mit Freunden oder dem Chef zu teilen. Aber wenn jemand denkt, dass dein neuer Arbeitgeber ein Konkurrent ist, kann sich die zweiwöchige Kündigungsfrist plötzlich in eine sofortige Abreise verwandeln, oder noch schlimmer. Wenn dich jemand unter Druck setzt, sage einfach ‚ich würde es vorziehen, meinen neuen Job jetzt nicht zu diskutieren. Aber, ich werde auf jeden Fall nachher anrufen, weil es mir wichtig ist, mit Ihnen in Kontakt zu bleiben'."

„Und vergiss nicht, am letzten Tag eine gute Figur zu machen", ergänzte Hilde. „Wenn ein Arbeitgeber und ein Arbeitnehmer eine gute Beziehung haben, was in deinem Fall sicherlich ist, können Trennungen freundlich, respektvoll und kooperativ sein. Wenn dein Chef akzeptiert hat, dass du die Firma verlässt, lass ihn wissen, dass du es als deine Verantwortung siehst, die Schwierigkeiten des Übergangs für das Unternehmen und für deine Mitarbeiter zu minimieren. Sage ihnen, ‚wenn Sie möchten, dass ich irgendwelche Materialien für die Person, die mich ersetzen wird, vorbereite, oder die Ausbildung von jemanden vorbereite, bin ich bereit dies zu tun, solange es nicht den Beginn bei meinem neuen Job beeinträchtigt. Wie kann ich helfen?' Finde heraus, wie lange das Unternehmen deine Kündigungsfrist planen möchte. Erwarte und plane zwei Wochen der härtesten Arbeit, die du jemals getan hast; du schuldest das deinem Arbeitgeber, bevor du ihn verlässt.

Übrigens, wenn du eine Woche frei haben möchtest, zwischen den Jobs, richte dein Startdatum entsprechend ein. Zähle nicht die zwei-Wochen-Kündigungsfrist die von deinem derzeitigen Arbeitgeber vielleicht zugeteilt wird. Falls dein Chef dich sofort entlassen will, gilt dies natürlich nicht. Aber du kannst das Angebot machen. Diese Leute haben ein Engineering-Business zu führen, und du hast ihnen gerade mitgeteilt, dass du nicht mehr ein Teil davon sein möchtest. Also, sei höflich und habe Verständnis wenn sie dich vor die Tür setzen."

„Am wichtigsten ist", sagte Hilde, „Brücken zu bauen und nicht abzureißen; oder mit anderen Worten, man soll seine ‚Kontakte nicht abbrechen'. Belaste dich nicht mit möglichen Risiken und Problemen, die dein neuer Job bewirken könnte. Solange du sie sorgfältig berechnet hast, sind sie vorübergehend. Was zählt, ist deine Position und dein Beitrag zu deiner Nischenindustrie als Ganzes. Das ist, wo dein wahrer Wert in deiner Karriere liegt. Egal wer über den Jobwechsel verärgert ist, den du vornimmst, das Unbehagen wird vergehen, wenn deine Mitarbeiter gute Menschen sind. Deshalb habe ich mich immer dafür eingesetzt, dass die Art von Menschen, mit denen du dich verbindest, ebenso wichtig ist wie die Arbeit und die Entschädigung. Du wirst sie wahrscheinlich wieder sehen. Die Menschen, mit denen du arbeitest helfen dich zu definieren und tragen zu deinem Wissen, deiner Philosophie und deiner Reputation, bei. Also, füge ein wenig mehr Zement zum Fundament der Beziehungen die du hast. Baue diese ‚Brücken'(Kontakte) ein wenig stärker. Es heißt, ‚was umhergeht, kommt herum'. Ich glaube auch, ‚wer umhergeht, kommt herum'. Also egal, wie sehr du deine Meinung äußern möchtest, schlucke deine Kritik. Nimm dir vor alle Hände zu schütteln, mit denen du gearbeitet hast. Das Schöne an einem Händedruck ist, dass es keine Worte benötigt, und es dir erlaubt, sowohl deine Achtung zu unterstreichen als auch deine negativen Gefühle zu verbergen. Dann, nachdem du weitergezogen bist, bereite dich vor deine Freunde wieder zu treffen. Das ist alles, das ich dir empfehlen kann", sagte Hilde abschließend.

Als Karl Hilde zuhörte, sagte er sich immer wieder ‚Das ist alles gesunder Menschenverstand‘, aber er unterbrach sie nicht ein einziges Mal. Er weiß, dass Hilde über langjährige Erfahrung verfügt und dass ihre Ratschläge aufrichtig und gut gemeint sind. Er dankte Hilde. „Ich schätze Deine Ratschläge, Hilde. Ich danke Dir nochmals von ganzem Herzen. "

„Das ist, wofür Freunde sind. Viel Glück mit deinem neuen Unternehmen ", sagte Hilde und legte auf.

Karl beschloss unverzüglich seinen Freund Martin Egger anzurufen, um sich zu vergewissern, dass das Angebot, welches er vor ein paar Wochen von ihm erhielt, noch gültig war. Er kannte Martin sehr gut. Sie waren über mehrere Jahre Kollegen, bis Martin das Unternehmen verließ und Mitbegründer einer Start-up-Firma wurde. Martin hatte seit mehr als sechs Monaten versucht, Karl zu überzeugen, in seiner Firma anzufangen.

„Hallo Martin", sagte Karl „wie geht es dir? Läuft das Unternehmen immer noch gut?"

„Gut, von dir zu hören, Karl. Ja das Geschäft läuft super. Wann wirst du zu uns kommen? ", erwiderte Martin.

„Nun, das ist der Grund meines Anrufs. Steht dein Angebot noch?" fragte Karl.

„Höre ich richtig, oder? Erwägst du schließlich einen Einstieg bei uns? Das würde wunderbar sein. Entschuldige, aber ich bin ganz aufgeregt. Meinst du das ernst? ", sagte Martin.

„Ja, mir ist es sehr ernst. Kannst du mir das ‚super' Jobangebot, dass wir bei unserem letzten Treffen besprochen haben, senden?"

„Wird sofort getan. Das ist großartig! Ich werde die Einstellungsformulare an deine Hausadresse mittels DHL schicken; ja, noch schneller, ich werde meiner Sekretärin sagen, den Brief sofort an deine persönliche E-Mail-Adresse zu senden ", antwortet Martin. Er fährt weiter "überprüfe das Angebot und zögere nicht, mich im Büro oder zu Hause zu kontaktieren. Du hast ja noch meine Handynummer."

„Danke Martin ", sagte Karl und legte auf.

Karl war erleichtert und enthusiastisch; nicht nur hat sein Freund Martin das Jobangebot, das er vor zwei Wochen gemacht hatte, bestätigt, sondern mit Martins begeisterter Antwort am Telefon fühlte er sich inspiriert und zuversichtlich, dass seine Beschäftigung mit MICGEN Controls eine tolle Erfahrung sein wird, auf die er sich freuen kann. Obwohl Karl Martin vertraute, wollte er das Angebot sorgfältig auswerten, bevor er es annimmt. Er wollte überprüfen, ob der schriftliche Vorschlag wirklich den mündlichen Vereinbarungen entspricht, die er mit Martin diskutiert hatte.

Und weniger als eine Stunde später, erhielt Karl das Jobangebot per E-Mail.

Sehr geehrter Herr Winkler!

MICGEN Controls Ltd freut sich, Ihnen formal die Position des Engineering Managers anzubieten.

Wie besprochen, werden Sie sowohl für das Engineering als auch die F & E-Funktionen in unserem Unternehmen verantwortlich sein. Die Aufgaben und Verantwortlichkeiten, die Sie durchführen werden, sind in der beigefügten Stellenbeschreibung detailliert (Anlage 1) dargestellt. Sie berichten direkt an den Leiter des Unternehmens, Herrn Martin Egger. Ihr erster Arbeitstag ist der 19. Februar 20XX.

Ihre Vergütung beinhaltet ein monatliches Gehalt von XX,XXX € (zahlbar monatlich zum letzten Arbeitstag eines Monats), Krankenversicherung, Lebens- und Berufsunfähigkeitsversicherung, Krankenurlaub, Urlaub und persönliche Tage durch unseren Unternehmen-Mitarbeiterbeteiligungsplan. Bitte beachten Sie unser Mitarbeiterzulagenhandbuch (Anlage 2) für Details.

Dieses Stellenangebot ist abhängig von Ihrem Bestehen des obligatorischen Medikamenten-Screenings. Dies wird angeordnet, sobald Sie Ihre Annahme dieses Jobangebots anerkannt haben.

Bitte erklären Sie Ihre Annahme dieses Angebots durch die Unterzeichnung und Datierung dieses Briefes, wo unten angezeigt, und Unterzeichnung und Datierung der Standard Vertraulichkeitsvereinbarung (Anlage 3). Diese Dokumente sollten direkt an Herrn Martin Egger mit dem Business-Antwort Umschlag zurückgeschickt werden. Eine Kopie jedes dieser Dokumente ist für Ihre Unterlagen beigefügt. Wir benötigen Ihre Zusage bis zum 2. Februar 20XX.

Wir freuen uns, Sie in unserem Unternehmen begrüßen zu dürfen. Bitte lassen Sie mich wissen, falls Sie weitere Informationen benötigen. Ich bin direkt auf (Telefonnummer) erreichbar.

Mit Freundlichen Grüßen,
Ella Alexander
Verwaltungshilfe von Martin Egger

Karl dachte, dass es eine gute Idee wäre, mit einer E-Mail zu bestätigen, dass er das schriftliche Stellenangebot erhalten und es unterzeichnet zurückgeschickt hatte. Auf diese Weise wusste Martin, dass der Beschäftigungsprozess voranschreitet. Natürlich würde er die E-Mail bis nach dem Treffen mit seinem Chef, Max Widmann, nicht tatsächlich weiterleiten. Er entwarf die Antwort:

Lieber Martin,

Ich erhielt Dein formales Stellenangebot gestern Abend. Ich habe es durchgelesen, unterzeichnet und an Dich wie verlangt zurückgesandt. Wie vorgeschlagen, habe ich die zweite Kopie behalten.

Nochmals vielen Dank, dass Du mir diese Beschäftigungsmöglichkeit gegeben hast. Ich freue mich die Beschäftigung mit MICGEN Controls am Februar 19, 20XX zu beginnen und ein Mitglied eines so dynamischen Teams zu werden.

Falls irgendwelche zusätzlichen Informationen oder Unterlagen benötigen werden, bitte sage mir Bescheid.

Grüße,

Karl

Weil er nicht den Gedankengang der letzten Nacht verlieren wollte, beschloss Karl vor dem Frühstück seinen Kündigungs-Brief zu schreiben. Es war allerdings nicht die ‚Ein-Satz-Note' die Hilde empfahl, ‚Ich, Karl Winkler, kündige hiermit meine Position mit SONARES Engineering Inc.' Karl dachte, dass eine solche Mitteilung für Max Widmann, seinen Chef, beleidigend sein würde. Natürlich war Hilde sich nicht bewusst, dass er und Max ein sehr freundschaftliches Verhältnis im Laufe der Jahre aufgebaut hatten. So schrieb er den folgenden Brief:

Lieber Max,

Ich bedauere, dass ich meine Kündigung, effektiv zwei Wochen von Montag [Datum], einreichen muss.

Ich werde meine Schlüssel, Zugangskarte, Unternehmenskreditkarte (geschnitten in zwei), und Laptop, abgeben, sodass es keine Frage von unangemessenem Verhalten geben kann.

Dies war eine sehr schwierige persönliche Entscheidung für mich. Ich habe meine Zeit hier persönlich und beruflich sehr lohnend gefunden, und ich danke Ihnen für die Art und Weise, in welcher Sie mich während unserer beruflichen Beziehung behandelt haben. Meine persönliche

Wertschätzung für Sie und unsere gute Zusammenarbeit, machten meine Entscheidung, SONARES Engineering zu verlassen, noch schwieriger.

Ich war nicht unglücklich hier, wurde aber vor kurzem im Auftrag eines anderen Unternehmens angerufen und es wurde mir eine Position angeboten, die mir eine enorme Karrierechance bietet, welche ich nicht auf andere Weise erreichen kann, als hier zu kündigen. Ich habe das Stellenangebot akzeptiert.

Sie können sich auf mein professionelles Verhalten während der Kündigungsfrist verlassen, und ich habe eine Zusammenfassung der Arbeit, die ich ausführte, vorbereitet und hier beigelegt. Ich möchte Sie so bald wie möglich sprechen, um zu klären, wie Sie die Übertragung dieser Verpflichtungen ausgeführt haben möchten.

Unter diesen Umständen verstehe ich, dass ich Kontakte mit Kunden oder die Teilnahme an den Büro-Besprechungen für die restliche Dauer meiner Beschäftigung, unterlassen soll. Bitte informieren Sie mich, wie das weitere Procedere ablaufen soll.

Nochmals, meinen persönlichen Dank für die vielen positiven Aspekte unserer Beziehung und Ihrer Führung.

Mit freundlichen Grüßen,
Karl Winkler

Karl machte sein übliches Frühstück bestehend aus belgischen Waffeln und Kaffee und fuhr dann ins Büro. Er war verspätet. Auf dem Weg probte er die Punkte, die Hilde ihm empfohlen hatte, und über die er letzte Nacht nachdachte. Ziel ist es, die Firma reibungslos zu verlassen, ohne dabei ein Gegenangebot zu bekommen. Er fühlte sich gut vorbereitet für das Treffen mit Max.

Er hatte eine Liste mit allem was er brauchte zusammen, sowie einen schriftlichen Plan zur vollständigen und reibungslosen Übergabe. Das sollte es so einfach wie möglich für Max machen, ihn so schnell wie möglich gehen zu lassen. Er identifizierte die beste Person, die seiner Meinung nach seine Aufgaben übernehmen könnte, für den Fall, dass Max um Rat fragt. Er plante, seine persönlichen Sachen und die Dinge aus seinem Schreibtisch zu packen und in sein Auto zu bringen, bevor die Besprechung begann. Er hatte das Kündigungsschreiben dabei.

Nach der Ankunft im Büro wollte er sofort sein Treffen mit Max planen. Es sollte sich um eine persönliche Angelegenheit handeln, die er diskutieren und sehen wollte, ob er es für den späten Nachmittag an diesem Freitag einplanen konnte. Dies würde die Zeit maximieren, die Max über das Wochenende hatte, um die Nachricht zu verdauen und über sie hinweg zu kommen, bevor Karl ihn wieder am Montagmorgen treffen würde. Falls dieser Freitag nicht möglich wäre, dann würde ein Treffen auch an jedem anderen Tag gehen. Es als ,persönliches Problem' zu identifizieren, wird höchstwahrscheinlich auch Max auf die Möglichkeit aufmerksam machen, dass es etwas Besonderes ist und dies würde helfen, die Nachricht behutsam zu überbringen. Er wird die Kündigung mit Max nicht am Telefon diskutieren.

Die zu überbringende Nachricht muss für Max ‚Er ist ein großartiger Chef‘ sein. Dies ist ein großartiges Unternehmen, aber ich habe die Fronten gewechselt und deshalb muss ich gehen. Lassen Sie uns über den ‚Übergang‘ sprechen. Aber ich muss das über ein paar Sätze verteilen. Meine Worte wären so etwas wie: ‚Max, das ist eine wirklich schwierige Sache. Ich habe meine Zeit hier wirklich sehr genossen. Es war ein Privileg, mit Ihnen und für diese Firma zu arbeiten, und ich habe sehr viel gelernt. Ich war wirklich nicht auf der Suche nach einer Veränderung, aber ich bin bezüglich einer neuen Chance angesprochen worden, die ganz im Einklang mit meinen Karrierevorstellungen stehen. Es ist einfach eine Situation, die zu gut ist um darauf zu verzichten.

Also dieser Umschlag enthält mein Kündigungsschreiben wirksam zum Montagmorgen in zwei Wochen, meine ID und meine Firma Kreditkarte. Ich hoffe, Sie verstehen. Es war ein Vergnügen für Sie zu arbeiten. Sie haben mir viel beigebracht, und es war eine wirklich schwierige Entscheidung; aber am Ende, aus Rücksicht auf meine Familie und mich, konnte ich einfach nicht nein sagen. Ich habe eine Liste meiner Tätigkeiten vorbereitet, und ich habe einen Aktionsplan, für den Übergang. Vielleicht können Sie es überprüfen und ich werde gerne darüber diskutieren was zu tun ist, um den Übergang zu erleichtern‘.

Es ist Freitag und Karl dachte, dass dies tatsächlich die beste Zeit wäre, um seine Kündigung abzugeben. Er weiß, dass Max Widmann, sein Chef, in der Regel am Freitag entspannt ist, also wird er vorschlagen, dass die Kündigungs-Besprechung am späten Nachmittag stattfindet, weil es allen Beteiligten helfen kann, die post-Sitzungspeinlichkeiten danach zu vermeiden und ihm ein paar

Tage Zeit gibt, sich neu zu sammeln bevor er seine letzten zwei Arbeitswochen beginnt.

Als er am Bürogebäude ankam, begrüßte ihn die Empfangsdame mit "Robert Gassner hat Sie gesucht, Karl." Aber anstatt ins Labor zu gehen, wo er höchstwahrscheinlich Robert finden würde, ging Karl sofort in sein Büro und rief Max an. „Max, ich möchte eine persönliche Angelegenheit mit Ihnen besprechen. Hätten Sie Zeit später heute Nachmittag?"

„Klar", sagte Max. „Ich hoffe, dass es nichts Ernstes ist; wir können uns um 16:00 Uhr treffen." Karl war erleichtert, dass Max ihm am Telefon keine Fragen stellte und war ermutigt, dass er möglicherweise tatsächlich in der Lage sein würde, all dies vor dem Wochenende durchzuziehen.

Karl ging dann ins Labor um seine Tests und die Prüfberichte zu sichten. Er wollte sichergehen, dass die Dokumentation in Ordnung war und alle Prüfberichte beigefügt sind, für den Fall, dass Ben Orborns eine Kopie am Montag sehen möchte und er ein Statusmeeting zu der DDC3 Verifikationsaufgabe einberuft. Er wollte in der Lage sein, die Geschichte des kompletten Steuerung Testaufwandes während der letzten zwei Monate zur Verfügung zu stellen. Schließlich sollten sie nur die IEC 61551 Factory Acceptance Test (FAT)- Normformulare enthalten - elf Seiten von Leitlinien mit ca. 30 Test Positionen – um die Regel & Steuersystemfunktionen zu prüfen. Dieses wurde als eine Aufgabe von 3 Wochen eingeschätzt. Es wurde angenommen, dass alle Regel- & Steuerfunktionen vom Lieferanten vollständig getestet wurden, bevor der FAT startete. Dies war nicht der Fall. Während die Systemintegration und der Test als ziemlich unberechenbare

Verfahren gelten, hat niemand vorausgesetzt, dass die grundlegende Funktionalität des Systems nicht vor Beginn des FAT überprüft wurde.

Karl wusste, dass das Beste, was er jetzt tun konnte, war, diese letzten zwei Monaten der Test Geschichte zu vergessen und sich für die nächsten zwei Wochen auf Prüfung und Wieder-Prüfung der Steuer & Regel-Funktionen zu konzentrieren. Er setzte sich an den DDC3 Monitor, nahm die letzten paar Testberichte, startete das System und verbrachte den ganzen Tag mit Funktionstests. Er wurde nicht unterbrochen. Robert schien verschwunden zu sein. Er kam nicht einmal zum Mittagessen vorbei. Und verpasste beinahe den Zeitpunkt der Kündigungs-Besprechung mit Max. Es war 15.50 Uhr und bevor er zu Max's Büro ging überprüfte er seine Listenpunkte und lief zum Kopiergerät, das auf der nächsten Etage war, um Kopien für Robert zu machen. Er legte die Duplikate auf Roberts Schreibtisch, ging zum Aufzug, fuhr zum 7. Stock und war vor Max's Büro, um 16:02 Uhr.

Max's Bürotür stand offen, wie üblich, und Max saß auf seinem Stuhl mit seinen Füßen auf dem Schreibtisch um zu lesen, was wie ein Bericht aussah. Er bat Karl ihm eine Minute zu geben und sich zu setzen. Karl setzte sich nicht. Er wollte keine Konversation durch das Sitzen in einer entspannten Position, beginnen. Er hielt inne und sagte, „Sorry, Chef, dies wird nicht sehr lange dauern, und ich will es nicht noch schwieriger machen, als es bereits ist." Dann mit dem Brief in der Hand, fuhr er fort „Chef, nach sorgfältiger Überlegung, habe ich eine Entscheidung getroffen, in einer anderen Firma anzufangen und dort in zwei Wochen meine neue Arbeit zu beginnen. Bitte akzeptieren Sie mein Kündigungsschreiben. Ich bitte Sie, nehmen Sie sich eine Minute Zeit, um meinen Brief zu lesen, bevor wir besprechen, wie wir meinen Übergang so reibungslos wie möglich gestalten können. "

Max's Gesicht wurde ganz weiß, als er den Brief las. Er blickte auf und sagte: „Karl, Sie haben sechs Jahre Erfahrung in unserer Firma. Sie waren eine meiner besten Ingenieure und Sie sind ein scharfsinniger Designer mit einem Talent für Problemlösungen und Dinge rechtzeitig fertig zu haben. Sie können das doch nicht ernst meinen. Was können wir tun, um Sie zu halten? Ist es das Geld?"

„Ja, es ist ein wenig mehr Geld – aber das war wirklich nicht das Problem. Der Grund war das außergewöhnliche Angebot, das zu meinen Zielen passt."

„Und welche Firma bietet Ihnen die Möglichkeit dazu" fragte Max."

„Nein, ich kann Ihnen nicht sagen, in welches Unternehmen ich wechseln werde - es war eine Bedingung für mein Angebot, dass ich dies nicht offenlege, bis ich begonnen habe. Ich kann Ihnen aber sagen, dass es sich nicht um ein Konkurrenzunternehmen handelt."

„Gut, wer sind sie? Können Sie mir nicht wenigstens sagen zu welcher Art von Unternehmen Sie wechseln werden?" Max drängt weiter, „Wie kann ich die Dinge verbessern - bitte - Ich brauche Ihre Hilfe!"

„Chef, ich bin nicht sicher, dass dies produktiv sein wird. Mir fällt es schwer, diese Firma zu verlassen, denn ich mag die Leute hier, und ich arbeite gerne für Sie, aber das ist nun eine hervorragende Gelegenheit, eine, die ich einfach hier nicht finden kann. So schwer wie es war, meine Entscheidung ist getroffen. Ich habe mein Wort gegeben, also, es ist eine beschlossene Sache. Ich hoffe wirklich, dass wir uns auf den Übergang konzentrieren können." antwortete Karl.

Max konnte sehen, dass Karl seine Meinung nicht ändern wollte und sagte „Ich verstehe. Ich akzeptiere Ihre Kündigung und um einen reibungslosen Übergang ausarbeiten zu können; lassen Sie uns darüber am Montag sprechen." Und er fügte hinzu, „Ich werde Ben Orborns über die Situation informieren, falls er an diesem Nachmittag noch hier ist, so dass Sie heute mit ihm keine Austrittsbesprechung führen müssen. Er wird sehr wütend sein."

„Ich schätze das sehr, Max", sagte Karl.

Dann stand Max auf und sagte „Ich wünsche Ihnen alles Gute in Ihrem neuen Job und für den Fall, dass Dinge sich nicht entwickeln wie erwartet, zögern Sie nicht mich anzurufen."

„Vielen Dank", antwortet Karl. Sie schütteln sich die Hände, lächeln und Karl verlies Max's Büro. Er war sehr froh, dass er nicht in eine Diskussion verwickelt wurde darüber, warum er die Firma verlassen will und irgendetwas Negatives über das Unternehmen oder Max sagen musste. Er fühlte sich sicher, dass Max's Verhalten bedeutet, dass er keine ‚Brücken abgerissen' hatte.

Es war fast 17:00 Uhr und Karl lief zum Labor um zu sehen, ob Robert noch da war. Karl wollte, dass er der erste nach dem Treffen mit Max ist, der über seine Entscheidung, die Firma zu verlassen, informiert wird und wollte die Übergabemodalitäten mit ihm besprechen. Er wollte Robert die Neuigkeit schonend beibringen, bevor er es von anderen hörte. Karl wollte ihn wissen lassen, wie begeistert er von den Möglichkeiten des neuen Jobs war, aber dass er ihn vermissen würde und dass er beabsichtigte, alles zu tun, um die letzten zwei Wochen produktiv zu gestalten. In Anbetracht der heiklen persönlichen Beziehung, die er wegen des DDC3 Tests mit ihm hatte, könnte sein diplomatisches Verhalten vielleicht die Meinung, die Robert über ihn hatte, beeinflussen.

Robert war nicht im Labor und Karl beschloss nach Hause zu fahren. Was für ein Tag dies war - der Rücktritt vom SONARES und die Zusage für den neuen Job bei MICGEN hatte er noch nicht vollständig verarbeitet. Er aß ein Fertiggericht und versuchte sich von den Ereignissen des Tages abzulenken, aber er konnte bis spät in die Nacht nicht zur Ruhe kommen, er überprüfte seine E-Mails mehrmals, um sicherzustellen, dass keine Überraschungen von Max oder Martin eintrafen. Am nächsten Morgen überfluteten die Erinnerungen an den Vortag noch seine Gedanken. Völlig wach, fragte er sich, ,ist dass alles real? ' Er konnte die Ereignisse der letzten zwei Tage kaum glauben. Und seine Gedanken drehten sich wieder um die DDC3-System Probleme, und er sagte zu sich selbst. ,Ich werde während meiner Kündigungsfrist helfen, aber meine Loyalität muss sich zu meinem neuen Arbeitgeber und deren Interessen verlagern. '

Montagmorgen ging er direkt ins Labor. Robert saß bereits dort, beschäftigt mit der To-Do-Liste, die Karl am Freitagnachmittag für ihn vorbereitet hatte. Er blickte auf und sagte „Wow Karl, hast du am letzten Freitag Tag und Nacht an Funktionstests gearbeitet, um diese Liste zu produzieren? Übrigens, ich musste fast den ganzen Tag für eine persönliche Angelegenheit frei nehmen. Ich habe versucht, dich zu finden, um dir dies mitzuteilen, und hinterließ eine Nachricht an der Rezeption, hast du die bekommen? "

„Ja, habe ich", sagte Karl, und mit einem Gefühl, als ob ein Knoten im Magen entstehen würde, fuhr er fort, „Robert, ich weiß nicht, wie ich dir das sagen soll, aber ich habe beschlossen, einen anderen Job anzunehmen."

Robert schaute ungläubig auf und sagte „Nein, das kann nicht wahr sein, bedeutet dies, dass du planst SONARES zu verlassen? Das kann ich nicht glauben."

„Ich habe bereits gekündigt" sagte Karl.

„Ist dieser Job der Grund für deinen Abschied?" fragte Robert.

„Nicht wirklich. Mir wurde eine Karrierechance angeboten, die einfach zu gut war, um darauf zu verzichten" antwortete Karl und hoffte, dass Robert nicht weiter über die Probleme mit dieser Überprüfung der Kontrollfunktionen reden würde, und er tat es nicht. Er sagte: „Nun, Karl, das waren herausfordernde Monate für dich und mich, ich wünsche dir das Beste für die Zukunft." „Danke Robert" antwortete Karl. Sie schüttelten sich die Hände und Karl verließ das Labor.

Dann machte Karl sich daran, jeden der durch seinen Firmenabschied betroffen war, zu benachrichtigen. Er wollte sichergehen, dass er allen anderen wichtigen Mitarbeitern, mit denen er gearbeitet hatte, persönlich mitteilte, dass er gekündigt hatte. Und Karl fühlte, dass er es in einer Weise sagen sollte, indem er sich bei der jeweiligen Person für die Hilfe an seiner Karriereentwicklung bedankte. Er machte seine Runden und sagte, im Wesentlichen allen, „Ich weiß nicht, ob Sie gehört haben, aber ich habe gekündigt, um bei einer anderen Firma anzufangen. Bevor ich gehe wollte ich sicher sein, dass Sie wissen, wie sehr ich die Zusammenarbeit mit Ihnen genossen habe." Karl sagte sich ‚diese Menschen können auch in Zukunft die Firma für andere Arbeitsplätze verlassen und ich möchte, dass sie positive

Erinnerungen an mich haben. Wer weiß, wann sie meinen nächsten Karriereschritt beeinflussen können.'

Später am Morgen erhielt er einen Anruf von der Personalabteilung die wissen wollte, wann eine gute Zeit für ein Exit-Interview wäre. Offensichtlich musste Max Widmann sie über seinem Abgang informiert haben. Karl erinnerte sich daran, alle Dokumente zu überprüfen die er unterzeichnet hatte, als er den Job bei SONARES Engineering vor über sechs Jahren annahm. Er war ziemlich sicher, dass er keine Konkurrenz-Klauseln abgeschlossen hatte. Was auch immer ihre Reaktion wäre, Karl wusste, dass das Treffen mit Max Widmann gut ging und dass er gut vorbereitet wäre, sowohl emotional als auch professionell. In der Besprechung bei der Personalabteilung wiederholte er im Wesentlichen seine höflichen Bemerkungen, die er während des Treffens mit Max machte. Dann ersuchte er sie, seine Leistung mit Max Widmann zu überprüfen und bat, ihm bitte mehr als die üblichen Referenzunterlagen (Beschäftigungszeitraum, Berufsbezeichnung usw.) zu geben. Obwohl sie zu Beginn des Exit-Interviews sagten, dass sie ihm eine Beurteilung geben würden, wollte er sicherstellen, dass er eine gute schriftliche Beurteilung bekommen würde, bevor er sich verabschiedete.

Karl war sich bewusst dass es für ihn wichtig ist, weiter hart zu arbeiten und nicht für die verbleibenden Tage zu rasten. Er sagte zu Robert „Du kannst dich auf mich verlassen, dass ich auch weiterhin meine Arbeit tun werde, bevor ich das Unternehmen verlasse. Da ich die Situation mit DDC3 gut kenne, werde ich meinen Software Verifikationsaufwand intensivieren." Außerdem hinterließ Karl genaue Hinweise über die Probleme des Steuerungssystems und die vorgeschlagenen Korrekturen. Für das zweite Projekt dokumentierte er eine vorläufige Spezifikation der Feldgeräte im Detail. Karl meinte, dass er dadurch seine Professionalität und seine bleibende Achtung für das Unternehmen zeigen konnte.

Zwei Wochen später

Die zwei Wochen vergingen schnell und es war Zeit, sich von SONARES Engineering zu verabschieden. An seinem letzten Tag verließ Karl sein Büro sauber und ordentlich. Daher brauchte sein Nachfolger nichts aufzuräumen. Karl hatte eine Abschlusssitzung mit Max, seinem Chef, um über die verbleibenden Aufgaben und Details der beiden Projekte zu sprechen. Er ließ ihn wissen, dass er für Fragen zur Verfügung stehen würde und gab ihm seine Handynummer. Am wichtigsten war, er konnte sich ein letztes Mal persönlich bei ihm bedanken. Er schrieb auch ein E-Mail an alle Leute, mit denen er gearbeitet hatte, und ließ sie noch einmal wissen, dass er die Zusammenarbeit mit ihnen schätzte.

Als er an diesem Tag nach Hause kam, rief Karl Hilde an, um ihr von seinem letzten Tag bei SONARES Engineering zu erzählen, und wie erwartet, erhielt er einige tiefgreifende Kommentare. Nachdem er ihr erzählte, wie erleichtert er war, dass sein letzter Tag im Engineering-Unternehmen so gut abgelaufen war, und obwohl er aufgeregt war und sich auf den Anfang mit MICGEN freute, war ihm jetzt nicht ganz wohl.

Hilde sagte „Karl, persönliches Wachstum ist eine Herausforderung. Es ist bewegend, weil das Eingehen von Risiken unbequem ist - die Angst vor dem Unbekannten und die Möglichkeit der Enttäuschung bleiben im Hinterkopf, bis du dich an das neue

Unternehmensumfeld angepasst hast. Die Sache ist, dass wir uns diesen Stress selbst produzieren. Viele von uns realisieren nicht ihr volles Potenzial, weil wir uns vor der Zukunft fürchten. Ich glaube, dass du eine gute Entscheidung getroffen hast. Der Pfad zum Erfolg in einem kleinen Unternehmen kann hart sein, aber es kann auch sehr befriedigend sein; Ich weiß das aus eigener Erfahrung."

Karl plante, sich am Samstag zu entspannen, um seine ‚Batterien' für den neuen Job wieder aufzuladen. Begeistert von der neuen Aufgabe, aber auch besorgt über Dinge, die schief gehen könnten, verbrachte er den ganzen Tag damit über Startup-Ventures zu lesen. Immerhin, Martin hatte das MICGEN Unternehmen erst vor etwas mehr als einem Jahr gegründet. Daher war er besorgt, wie er in einem neuen Unternehmensumfeld die Dinge umsetzen könnte. Nachdem er durch mehrere Geschichten bei Google scannte, fühlte er sich wohler. Karl wusste natürlich, dass er nicht allein in dieser Firma war und es war auch definitiv nicht Neuland.

Beruhigt zog er sich vom PC mit einem Glass Wein in seine Lese-Ecke zurück und widmete sich seiner Sammlung von Zitaten und Sprüchen bekannter Personen, die ihn immer zum Nachdenken anregen.

Kapitel 2 – FORDERUNGEN DER KLEIN-FIRMA

Montagmorgen, während er sein Frühstück aß, blickte Karl durch die Schlagzeilen der Startup-Gründer Zeitung, die noch seit Samstag auf seinem Tisch lag. Dann ging er auf seinen Morgenlauf. Es war angenehm kühl und er fühlte sich entspannt, obwohl ihm der erste Tag bei MICGEN bevor stand. Er sagte sich, ‚Ich habe Martin Egger seit Jahren gekannt und wenn man bedenkt, wie sehr Martin mich drängte, in seiner Firma anzufangen, wird die zukünftige Zusammenarbeit höchstwahrscheinlich sehr gut sein.' Er beendete seinen Lauf mit einem kurzen Spaziergang. Er nahm ein Bad und kleidete sich ‚businesslike', obwohl er Martin mehrmals in ‚sportlich' sah, wenn sie sich zum Abendessen trafen. Er dachte, als Neuankömmling, kann man nie wissen, wann man angerufen wird, um einen wichtigen Kunden zu treffen. Karl empfindet sich als unabhängig und stark. Wird dieser neue Job ihn auf allen Ebenen testen? Er hoffte so, weil er meinte, dass sein volles Potential während der letzten sechs Jahre bei SONARES Engineering nicht gefordert wurde. Er ist bereit für die neue Herausforderung.

Er brach früh auf, denn er war nicht sicher, welcher Verkehr auf seinem Weg zum neuen Büro zu erwarten war. Als er fuhr, konnte er seine zunehmende Nervosität spüren. Er wusste, dass in diesen ersten Tagen, wo er alle trifft-- und jeder trifft ihn--erste Eindrücke über ihn und sein Zukunftspotenzial einen großen Einfluss auf seinen zukünftigen Erfolg mit dieser neuen Organisation haben könnten. Er wusste auch, dass nichts besser in allen Situationen funktionierte als der Ausdruck einer positiven Einstellung. Er war entschlossen, seine Begeisterung für seine Rolle im neuen Team zu zeigen.

Gegen Ende der Fahrt ins Büro, die etwa 30 Minuten dauerte, stellte er sich sein erstes Arbeitstreffen mit Martin vor. Er hatte seine starke private Beziehung mit Martin genossen, so musste er keine Angst davor haben, dass Martin sich als Vorgesetzter verhalten würde. Sehe den Übergang vom Privaten zum Geschäftlichen einfach als eine andere berufliche Herausforderung. Deine Fähigkeit, es zu akzeptieren, noch besser, das Beste daraus zu machen, ermöglicht es dir, positiv aufzufallen. ' Seine Gedanken drifteten zu Martins letzten Kommentaren über Vertriebsexperimente und seinen neuen Vertriebs- und Marketing Manager, Tim Boschek. Er schien von Tim begeistert zu sein und da Marketing in der Regel eine Schlüsselposition in einem Unternehmen einnimmt, empfand Karl, dass sein Arbeitsverhältnis mit Tim seine anfängliche Stellung in MICGEN bestimmen könnte.

Der Verkehr war überraschend gering und er kam früher als erwartet an, nur ein wenig nach 7:30 Uhr. Er beschloss, die zusätzliche Zeit auf dem Parkplatz zu verbringen, der in einem Gebiet abseits der Eingangstür des Unternehmens lag. Vier Autos waren bereits in der Nähe des Hauseingangs geparkt. Er beobachtete die Außenseite seines neuen Bürogebäudes, ein kleines Gebäude im Vergleich zu dem großen Gebäudekomplex des Engineering-Unternehmens, das er gewohnt war jeden Tag zu sehen, und sagte zu sich selbst, ‚nun, das ist meine neue Berufsheimat', da er oft mehr Zeit in seinem Büro als zu Hause verbrachte. Er war es gewohnt einer der ersten zu sein, die im Büro ankommen und in der Regel die letzte Person, die es am Abend verlässt.

Als er das Gebäude betritt begrüßt ihn die Empfangsdame mit einem freundlichen „Hallo, Sie müssen Karl sein. Willkommen bei MICGEN!" Martin muss ihr gesagt haben, dass sie ihn erwarten und mit Vornamen begrüßen soll. „Ja, bin ich. Vielen Dank für die nette Begrüßung. Es ist gut, am ersten Tag so nett empfangen zu werden. Wo ist Martins Büro?" „Immer geradeaus, das erste auf der rechten Seite", sagte sie.

Karl sah Martin an seinem Schreibtisch sitzend, scheinbar tief in der Überprüfung einiger Papiere versunken. Martin blickte auf und ein breites Lächeln erschien auf seinem Gesicht.

Er stand auf, eilte um seinen Schreibtisch und öffnete seine Arme, um Karl zu umarmen. „Es ist toll, dich hier in meinem Büro zu sehen. Ich freue mich, dich als neuen Technik und F & E-Manager von MICGEN willkommen zu heißen. Lass uns zusammen das Beste aus deiner langjährigen Erfahrung in Prozesssteuerung und deiner Leidenschaft für die Erforschung neuer Systemkonzepte machen." Karl wusste, dass die Umarmung ‚echt' war, denn er kannte Martin seit Jahren, aber er war ein wenig überrascht wie offen Martin seine Empathie und Sympathie im Büro ausdrückte.

„Ich schätze diese freundliche Begrüßung und freue mich darauf, für dich zu arbeiten, Chef", sagte er.

„Nenne mich nicht Chef" antwortete Martin. „Du und ich kennen uns seit langer Zeit."

„OK. Martin, vielen Dank für die Möglichkeit, die du mir in deinem Unternehmen bietest. Ich werde mein Bestes tun." antwortete Karl.

„Ich verlasse mich auf dich", sagte Martin mit einem Grinsen. „Komm, lass uns eine Runde drehen. Dabei erläuterte Martin wie er versuchte sich eine konkrete Vorstellung von MICGENs

Geschäftspotenzial zu machen bevor er in diese neuen Büroräume zog. „Und jetzt bist du ein wichtiger Teil davon", fügte er hinzu und klopfte Karl auf die Schulter. Den Fuß aus seinem Büro setzend, wandte er sich nach rechts und sagte, „Das ist Tim Boscheks Büro. Er befindet sich auf einer Verkaufsreise im Ausland und wird Freitag wieder zurück sein." Sie gingen ein paar Schritte weiter und Martin sagte „Nun, das ist dein Platz."

„Sehr schön; mein zweites Zuhause sieht gut aus", kommentierte Karl, während er das neu eingerichtete Büro betrachtete. „Ja, das ist, was es für mich ist."

„Das heißt, du sollst es dir so angenehm wie möglich machen", sagte Martin. Dann verbrachte Martin ca. 15 Minuten, um Karl die Büroetage, das Labor und den Versammlungsraum zu zeigen. Es hatten alle die Insignien eines typischen Tech-Unternehmens; offene Büro Gestaltungen und einen kleinen Kaffeebereich.

Martin und Karl haben ähnliche Interessen und Lebensstile. Wir kennen Karl einigermaßen vom vorigen Kapitel, lassen Sie uns jetzt Martin vorstellen: Martin Egger ist der Gründer von MICGEN. Er arbeitete fünf Jahre lang bei SONARES Engineering und dann, vor drei Jahren, hatte er SARAP, ein Sicherheitsinstrumente-Unternehmen, mitbegründet. Bei dieser Firma war er zweiter Geschäftsführer, verantwortlich für Betrieb, einschließlich Vertrieb und Marktentwicklung. Vor einem Jahr erwarb Martin MICGEN, eine bankrottes Unternehmen mit einem Sicherheitssystem Produkt für den Prozesssteuerungs-Markt.

Als Geschäftsführer leitete er alle Facetten des Unternehmens und baute das Unternehmen von sieben Personen auf fünfunddreißig in einem kurzen Zeitraum aus. MICGEN entwickelte sich im Wesentlichen aus einem Kundenprojekt, das nicht nur die Finanzierung zur Verfügung stellte, sondern auch als Testplattform für MICGENs Basisprodukt diente. Martin ist in der Firma für sein außerordentliches Maß an Engagement bekannt. Er ist am frühen Morgen im Büro und verlässt es spät am Abend. In der Branche ist er für sein brillantes und innovatives Technik- und Marketing-Know-how bekannt.

Nach dem Rundgang berief Martin eine Personalversammlung ein, um Karls Eintritt bei MICGEN bekannt zu geben.

„Ich bin sehr erfreut, dass jemand mit Karls Fachkompetenz unserem Unternehmen beitritt, bitte begrüßt unseren neuen Technik und F & E Manager – Karl Winkler" sagte Martin. „Wir haben vor kurzem unseren ersten Jahrestag gefeiert und mit seinen Ingenieuren hat MICGEN ein beträchtliches Wachstum erreicht. Karl ist zum richtigen Zeitpunkt gekommen, um mit seiner Erfahrung MICGEN auf die nächste Stufe zu helfen; nochmals willkommen, mein Freund."

„Ich freue mich MICGEN in dieser Phase des Wachstums beizutreten", sagte Karl. „Ihr seid ein solides junges Unternehmen mit einzigartigen Produkten. Ich weiß, dass ihr ein hervorragendes Management-Team habt, mit der zusätzlichen Stärke von erfahrenen Ingenieuren im Markt für Sicherheitssteuerungen. Es ist ein Privileg, ein Teil von eurem Wachstum zu sein und MICGENs

Vision von persönlicher Inspiration und Produktinnovationen zu unterstützen. "

Karl stellte sich den Leuten, die er in der Personalversammlung kennen gelernt hatte, noch einmal vor als sie vor seinem Büro vorbei gingen. Er suchte den Augenkontakt, lächelte und streckte seine Hand aus für einen Händedruck. Er wusste aus Erfahrung, wie wichtig es ist, ein gutes Verhältnis zu allen in der Firma zu haben. So sagte er „Hallo" oder „Guten Morgen", um die Personen wissen zu lassen, dass er bei der Firma neu ist. Wenn er den Namen einer Person hörte, wiederholte er ihn, um zu helfen, sich daran zu erinnern. Insbesondere zu der Marketing-Assistentin, die Martin beim Passieren ihres Büros erwähnte, sagte er „Es ist nett, Sie kennen zu lernen, Monika." Und da es sah, dass sie nicht in Eile war, erkundigte sich Karl höflich über ihren Titel und Marketing Aufgaben im Unternehmen. Er versuchte sein Bestes, den neuen Kollegen ein positives Image zu präsentieren, professionell zu sein und vor allem selbstsicher zu wirken.

Er packte seine Aktentasche aus und begann, sein Büro zu organisieren. Da Karl einer dieser gut organisierten Menschen war, war es relativ leicht für ihn, dies zu tun. Die Büroausmasse erlaubten ihm, es in drei Teilen zu trennen - dem Schreibtisch, seinen Arbeitstisch und den Besprechungstisch, wo er sich mit Kunden oder Kollegen treffen konnte. Es war ein bescheidenes Büro, aber er war zufrieden mit der Anordnung, die schon eine gewisse Gemütlichkeit am neuen Arbeitsplatz bereitete.

Gerade als er sich in seinem Stuhl zurückgelehnt hat, sah Martin in Karls Büro. „Großartig. Sieht aus, als ob du dich bereits hier sehr wohl fühlst. Falls du keine Pläne für das Mittagessen hast, lass uns zusammen essen, etwa 12.30 Uhr. Es gibt ein italienisches Restaurant um die Ecke; ist das OK für dich?"

„Ja klar", sagte Karl.

„Gut, dann reserviere ich einen Tisch für uns" antwortete Martin.

Karl erinnerte sich an die Zeiten, vor Jahren, als er und Martin bei SONARES Engineering arbeiteten, und beim Mittagessen regelmäßig die Gelegenheit nahmen, ihre Ideen und geschäftlichen Angelegenheiten zu besprechen, während sie zur gleichen Zeit das Essen genossen. Damals wurde ein ‚Business-Lunch' nie auf einen mittäglichen Snack beschränkt.

Essen weckte ein Gefühl von Komfort in uns. Wenn wir es bequem hatten, konnten wir uns auf unsere Ziele in einer entspannten Art und Weise konzentrieren, wo die Dinge eine mehr persönliche Haltung annahmen. Dies war schon immer der Fall zwischen Martin und Karl.

Also, während Karl am Anfang persönliches Geplauder erwartete, wusste er, dass während des Essens Businessthemen behandelt werden würden. Martin hatte seine Agenda und seine Ziele. Karl wusste, worum es bei diesem Mittagessen ging. Und er hatte es gern, dass Martin seine Pläne in einer entspannten Atmosphäre kommunizierte. Beide mochten Dialoge, aber für diesen Mittag plante Karl mehr zuzuhören als zu sprechen, um sich darauf zu konzentrieren was Martin zu sagen hatte. Es würde sich wahrscheinlich zu einer Brainstorming-Sitzung entwickeln. Bei einem guten Essen hatten sich beide immer kreativ gefühlt.

Genau um 12:30 Uhr blickte Martin in Karls Büro. „Bereit für das Mittagessen, Karl", sagte er. „Nehmen wir mein Auto. Ich esse in diesem Lokal oft zu Mittag. Ich glaube, dir wird das Essen schmecken ", fuhr er fort. Als er am Steuer saß, setzt Martin das

Gespräch fort „erinnerst du dich, in unseren alten Tagen, bei SONARES war das Mittagessen mit Lieferanten fast unerlässlich. Technische Daten wurden überprüft, Lieferabrufe wurden gemacht, und das ganze bei Mittags-Martinis. Fand das immer noch statt, als du bei SONARES aufgehört hast?" fragte er Karl.

„Nein, größtenteils sind diese Mittagstreffen lange vorbei" antwortete Karl.

„Das ist bedauerlich; denn trotz der heutigen Kommunikationstechnologie ist das Mittagessen noch eine wichtige Gelegenheit, um heikle Fragen in einer persönlichen Atmosphäre zu diskutieren und vielleicht heute sogar noch wertvoller als vor fünf Jahren. Nun, die Zeiten ändern sich schnell und nicht immer zum Besseren, " kommt Martin zum Schluss, als sie am Restaurant Parkplatz anlangten.

Im Restaurant begrüßt der Besitzer Martin an der Eingangstür. „Hallo Herr Egger. Herzlich willkommen." „Danke" sagte Martin und zeigte auf mich. „Dies ist Karl Winkler. Wir haben ähnliche Essgewohnheiten, und ich hoffe, dass Sie einen ruhigen Tisch für uns haben."

„Natürlich habe ich das. Es ist Ihr üblicher Tisch."

Und als sie sich an den Tisch setzten, fuhr Martin fort „Ich glaube, dass das Mittagessen mit einem Kollegen oder einem Kunden oft produktiver sein kann als eine Büro-Besprechung." Seine fünf Jahre in der führenden Unternehmer Position haben Martin offensichtlich überzeugt, dass bei Geschäftsessen viel erreicht werden kann. Karl hatte das Gefühl, dass er viele Geschäftsessen mit Martin erwarten kann.

Sie aßen und plauderten über Familie und Freunde. Gegen Ende kommentierte Karl „Das Essen ist wirklich gut hier."

„Ja, es ist immer gut und ihre Nachspeisen sind die besten. Lass uns eine genießen " sagte Martin und winkte den Kellner um einen Ricotta-Käsekuchen zu bestellen. Martin fuhr fort, um ein paar Kurzgeschichten des Scheiterns in seiner früheren Firma zu erzählen. Die Geschichten waren unterhaltsam und er hatte faszinierende Theorien darüber, was er falsch gemacht hat und was getan wurde, um ein erfolgreiches Produkt zu erzeugen. Dann fragte Martin Karl „Was hältst du von unseren Produkten?"

„Ich habe mir nur das Sicherheitssystem angesehen und das scheint solide zu sein", sagte Karl.

"Du hast Recht. Wir haben im Grunde nur ein Produkt; das TMR-basierte Sicherheits-SPS, bestehend aus dem TMR-CPU & Kommunikation Modul und den intelligenten I/O-Modulen. Die Bedienung-Station ist ein Erzeugnis von Drittanbietern," antwortete Martin und fügte hinzu, „Unser Sicherheitssystem war wirklich erfolgreich, aber seit seiner Einführung haben uns Kunden mitgeteilt, dass wir einige der zusätzlich vorhandenen Steuerelemente integrieren sollten, so dass sie nicht zu viele unterschiedliche Geräte haben."

Ja", antwortete Karl. „Prozessanlagen benötigen komplette Anwendungspakete; vorkonfigurierte Single-Source-Lösungen die einfach für den typischen Sicherheits- und Regeltechniker anzuwenden sind, nicht nur für den hoch qualifizierten Spezialisten."

„Ja, unsere Kunden betonen dies mehr und mehr und darüber wollte ich mit dir reden ", sagte Martin.

„Vor ein paar Monaten beauftragte ich unser Produktentwicklungsteam mit einem neuen Systementwurf zu beginnen, ein Prozessleitsystem das sowohl Sicherheits- und Kontrollfunktionen als auch Schnittstellen mit unseren bestehenden intelligenten I/O integriert - unser Produkt der nächsten Generation. Eine Herausforderung für uns in MICGEN ist, dass das Know-how unserer Ingenieure und Programmierer auf Sicherheitssysteme beschränkt ist. Ein anderer Faktor, der eine einfache Weiterentwicklung unseres bestehenden Systems hemmt, ist die rasche technologische Evolution der Komponenten und Techniken. Wir scheinen an den Fortschritt der Computerindustrie gebunden zu sein. Also, ich bin besorgt, dass ein paar Jahre nach der Entwicklung eines neuen Systems, die Komponenten dieses Systems als ‚veraltet' bezeichnet werden. Die Dinge ändern sich heutzutage so schnell. Wie siehst du diese Weiterentwicklung, Karl? ", fragte Martin.

„Du hast so recht bezüglich der schnellen Hardware-Technologie-Änderung, aber meiner Meinung nach gibt es noch wichtige Gründe, das eigene System zu entwickeln und vor allem ist es die Softwarekonfiguration, die normalerweise den Erfolg oder Misserfolg macht. Ich würde es folgendermaßen zusammenfassen", sagte Karl.

„Von dem, was ich weiß, ist ein Großteil des Unternehmens in Turbomaschinen und andere Hochgeschwindigkeitsprozesse verwickelt. Dies scheint deine Nische zu sein und berücksichtigt man die spezifischen technischen Anforderungen, gibt es oft gute Gründe gegen ein Allzweckkontrollsystem. Der andere wichtige Grund, sein eigenes System zu entwickeln, ist die Notwendigkeit, intime Kenntnis des entwickelten Systems zu haben, da in der Regel die Entwickler die Aufgabe der Unterstützung, Erweiterung und Verbesserung des Systems während seiner gesamten Lebensdauer haben. Dieser Grund eliminiert manchmal kommerzielle Pakete ", sagte Karl und setzte fort.

„Nochmals", sagte Karl, „in Bezug auf spezielle Anforderungen, einer der Gründe, dass man vielleicht Lösungen von Drittanbietern zu Gunsten eines Internen-Designs vermeiden soll, sind die einzigartigen Erfordernisse der technologischen Ausrüstung in unserem Nischengeschäft. Sicherheit-gerichtete Automatisierungslösungen mi Zeitmessungspräzision im Millisekunden-Bereich stellen einen speziellen Markt dar. Tatsache ist, dass vollständige Spezifikationen zu Beginn des Designs oft fehlen und das System deshalb in der Lage sein muss sich zu adaptieren, um eine Vielzahl von zukünftigen Anforderungen erfüllen zu können." betonte Karl.

„Ja, es gibt gute Gründe für die interne Entwicklung des Controllers, aber vielleicht können wir unsere Bedienungsoberfläche, die gut mit unseren Sicherheitssystemanwendungen funktionieren zu scheint, behalten. Diese Benutzeroberfläche wurde für allgemeine Prozesssteuerung und SCADA-Systeme von einem europäischen Unternehmen entwickelt. Das System verwendet einen Standard-PC mit Windows-GUI, es scheint in Ordnung zu sein ", sagte Martin.

Karl bemerkte dann: „Ich glaube der wichtigste Aspekt einer neuen Entwicklung in unserer Branche wäre die Erfindung eines Prozess-Regelmoduls das Mehrgrößenregelung mit Bereichsbegrenzung und intelligente Konfigurationskonzepte kombiniert. Dies würde es ermöglichen, das Modul in vielen Prozessanwendungen mit hohem Zuverlässigkeitsbedarf einzusetzen. Einige Schlüsselprozesse, beispielsweise Kompression und Kesselsteuerung, könnten als Basis dienen, auf denen die Optimierungsarbeiten für andere Prozesse aufbauen könnten. Vorkonfigurierte Anwendungs-Software ist nicht neu, aber die künstliche Intelligenz, die man benötigt um die Online-Anpassung an komplexe Prozesseinheiten zu ermöglichen, würde wirklich einen Durchbruch in unserer Branche darstellen. Die Intelligenz müsste sich im Controller/Regler befinden, um sich auf die Dynamik im Laufe von Prozessstörungen anpassen zu können."

„Wow, wenn man das Potenzial in petrochemischen Anlagen bedenkt, in denen wir schon Fortschritte mit unserem Sicherheits-System gemacht haben, klingt das wie eine unglaublich gute Idee", sagte Martin. „Glaubst du ein kleines Unternehmen, wie das unsere, könnte solche komplexen Software-Module entwickeln?"

„Vielleicht", antwortet Karl. „Gewiss, die Großunternehmen in unserer Branche könnten dies nicht und wahrscheinlich würden sie es auch nicht tun. Sie setzen alle Optimierungssoftware in ihre Computer, was in unserem Fall nicht funktionieren würde. Plus, sie haben alle große Engineering Abteilungen für Anwendungen, deren Unterstützung sie an ihre Kunden verkaufen; damit würde eine Entwicklung dieser Art einen Interessenkonflikt in der eigenen Firma darstellen. "

„Das wäre ein kühnes Unternehmen für uns. Wie können wir die potenziellen Risiken einschätzen? " fragte Martin.

Karl sagte dann „Ja wirklich, da es noch nie zuvor getan wurde, wäre es eine schwierige Aufgabe, ein solches Unterfangen realistisch zu bewerten. Du erwähntest, dass du die Produktentwicklungsgruppe aufgefordert hast, einen neuen Controller zu entwickeln. Haben sie, von einem Prozessor und

Speicher Standpunkt aus betrachtet, Echtzeit-Optimierungssoftware einzubeziehen?

Heute sind Prozessor- und Speicherkosten nicht mehr ein Preisgestaltungsthema. Somit würde die wichtigste Herausforderung die Software sein. Wir würden hierfür kein Team brauchen, sondern genau das Gegenteil. Dies würde es verschleiern; nur ein einziger genialer Kopf könnte diese innovative Theorie in die Praxis umwandeln. Martin, ich kenne jemanden den seine Kollegen für ein echtes Wunderkind halten, aber lass mich auf die grundlegende Frage der Risiko-Bewertung zurückkehren. Ich muss die spezifischen Anwendungen weiter studieren."

„OK, genug Brainstorming für heute. Wenn wir zurück ins Büro kommen, lass mich nicht vergessen, dir die vorläufige Dokumentation unseres neuen Controllers zu geben. Es ist zurzeit nur ein Entwurf."

„OK Martin, danke für das Mittagsessen " sagte Karl.

„Hey, nichts zu danken. Sieht nach spannenden Zeiten aus. Lass uns Spaß haben bei der Verfolgung unseres Ziels der nächsten Generation unseres Prozesssteuerung- und Sicherheitssystems ", sagte Martin.

Es war schon 15.30 Uhr und der Kellner bereitete schon Tische für das Abendessen vor. Martin bezahlte, und sie verließen das Restaurant.

Während der fünf Autominuten zurück ins Büro sprachen sie kein einziges Wort. Beide versuchten, ihr Mittagessen-Brainstorming zu absorbieren. Schließlich haben sie praktisch die Zukunft des Unternehmens diskutiert. Als sie am Büroparkplatz ankamen, sagte Martin, „Karl, dies war eines meiner besten Treffen!

Was für eine großartige Möglichkeit, um innovative Ideen zu entdecken! "

„Danke, Martin. Es war schwer, während unseres Gesprächs nicht inspiriert zu werden " antwortete Karl.

Als Martin die Tür seines Büros öffnete, sagte er „Warte Karl, ich möchte dir die Unterlagen für den neuen Controller geben." Statt ein paar Seiten von Spezifikationen, kam er mit einem hohen Papierstapel zurück und sagte „bitte wirf einen Blick auf das, aber kümmere dich nicht heute darum. Lass uns am Freitagmorgen zusammenkommen, um darüber zu sprechen. Ist das OK für dich?"

„Klar" antwortete Karl und versuchte den Dokumentenstapel zusammenzuhalten, während er den kurzen Weg zu seinem Büro ging, um ihn auf den Schreibtisch zu legen.

Er atmete tief durch, schaute auf den Stapel von Controller-Papieren mit einem gemischten Gefühl von Glück und übermäßiger Herausforderung. Er hatte nicht erwartet, dass die Dinge mit diesem beschleunigten Tempo beginnen. Er wollte nur zuhören, was Martin für ihn geplant hatte, stattdessen hat er leidenschaftlich seine Vorstellung von seinem Super-Controller auf den Tisch gelegt. Ging er zu weit? Er war sehr zufrieden, dass Martin ihm nicht nur Aufmerksamkeit bot, sondern ihn auch scheinbar gut verstand. Er fühlte sich wohl in einer Umgebung, wo sein Chef den ‚Finger am Puls der Zeit' und auch die notwendige Erfahrung hatte, um technische Entscheidungen zu treffen, anders als bei SONARES Engineering, bei denen die Verwaltung vor allem an Politik und Terminen interessiert war. Obwohl er Martin schon mehrere Jahre kannte, diese Diskussion beim Essen betonte erneut den unglaublichen Unternehmergeist Martins, und Karl sagte sich: ‚Ich hoffe nur, dass ich mit ihm mithalten kann. '

Er war gewissermaßen vertraut mit MICGENs gegenwärtigen Sicherheit SPS (speicherprogrammierbare Steuerung), einem großen zentralen System; also war er ungeduldig, herauszufinden, woraus das neue System bestehen würde. Er konnte nicht warten. Bevor er nach Hause fuhr, ging er die Dokumente durch, um die neue Architektur zu sehen und um ein Gefühl dafür zu bekommen, wie weit das Design war. Die Papiere fanden ihren Weg in Karls Aktentasche für die weitere Beurteilung zu Hause. Dort landeten sie auf dem Esstisch.

Während seines letzten Auftrags bei SONARES Engineering, bekam Karl Erste-Hand Exposees über Technologieentwicklungen - die neuesten Entwicklungen in der Sicherheits- und Kontrollsystem Branche. Mehrere Anbieter hatten neue Systeme veröffentlicht, die signifikant von den traditionell verfügbaren abwichen.

In Anbetracht der leistungsstarken Mikroprozessoren und Speicherkomponenten schien die Gestaltung eines neuen Systems nun weniger kompliziert zu sein. Obwohl Karl kein Elektronik-Design-Ingenieur ist, halfen ihm seine Erfahrungen, die aus umfangreichen Testverfahren von mehreren dieser Steuerungssysteme resultierten, die grundlegenden Regeln zu beurteilen.

Da er keinen Hunger hatte, das große Mittagessen gab ihm noch ein Völlegefühl, beschloss Karl das Dokumentenpaket erneut zu überprüfen. In Anbetracht von Martins Äußerung, dass dies ‚vorläufige Notizen über einen neuen Controller' seien, erschienen die Dokumente aus Hardware Sicht überraschend umfassend und detailliert. Innerhalb von weniger als zwei Stunden war er in der Lage, sich ein umfassendes Bild des Regler-Designs zu verschaffen.

Er tippte seine Interpretation des Hardware-Designs auf einem einzigen Blatt Papier, so dass er seine Analyse in der kommenden Sitzung verwenden könnte.

Controller-Hardware-Architektur– Karl Winklers Interpretation der Planungsunterlagen

Das Modul nutzt eine Single-Board-Architektur, die die Intelligenz (2 Mikroprozessoren und Speicher), die Kommunikation (redundante Ethernets und eine serielle Verbindung), und die Hochgeschwindigkeits-I/O-serielle Verbindung, enthält. Intelligente Anschlussplatten werden verwendet, um die Transmitter zu verbinden - diskrete I/O, 4-20 mA oder intelligente Messumformer/Ventil-Signale.

Der Entwurf enthält eine Modul Leiterplatte, die bis zu drei Module aufnehmen kann - so dass es Nicht-Redundanz (Singular), dual Redundanz und dreifache Redundanz ermöglicht. Ein solch flexibles Redundanzschema ermöglicht ein Sicherheitssteuerung Design, das die Zuverlässigkeitsanforderungen für jeden Regelkreis in einer kosteneffektiven Art und Weise ermöglicht.

Hinweis: Die umfangreiche Sicherheit-Erfahrung vom Hardwaredesigner ist offensichtlich. Die ausführliche Information über die flexible Redundanz ist beeindruckend.

In Bezug auf die intelligenten Anschlussplatten (ITP), scheinen es vorhandene Einheiten zu sein. Vier dieser ITP sind vorgesehen: eine Kombination (mit analogen und digitalen E/A-Modul), ein diskretes-Modul, ein

Thermoelement-Modul und ein Kommunikations-Modul für intelligente Messumformer. Die ITP sind I-Safe zertifiziert. HART-Firmware ist in den 4-20-Schnittstellen integriert. FF-Firmware ist für intelligente Messumformer-Schnittstellen zur Verfügung gestellt. Der Einsatz von Feldbussen in Sicherheitssystemen wurde in Frage gestellt; aber aufgrund des jüngsten Field-bus SIF-Produkt-Releases, hat sich das geändert. Die redundante serielle Verbindung mit dem Controller ist High-Speed (ein Megabit Übertragung mit CRC und HSP Sicherheit). Eine OPC-Ethernet-Schnittstelle ist auch auf dem ITP, vermutlich für direkte Datenerfassung.

Da jedes Modul über seine eigene redundante serielle I/O, Intelligenz und Kommunikation verfügt, wird die Gesamtsystemgröße eines Systems die Resonanz-Geschwindigkeit nicht vermindern. Es ist sicherlich ein vielversprechendes Design, das vielleicht fortschrittliche Steuerungssoftware auf Modulebene erlauben würde. Aber gibt es ausreichend Speicherkapazität für die erforderlichen Daten?

Die integrierte Ethernet-Kommunikation (redundante Ethernet-Ports und Kommunikationsprozessor auf jedem Modul und eine serielle Verbindung) und die Hinweise auf der Kommunikationsarchitektur zeigen, dass ein H2-Fieldbus in Betracht gezogen wurde. Im Hinblick auf die HART-Kommunikation wird nichts in der Controller-Dokumentation erwähnt; Vermutlich ist dies in der ITP abgedeckt. HART Transmitter kommunizieren Diagnoseinformationen über ein Standard-4-20-mA-Signal und sind weit verbreitet.

Die Dokumentation ist nicht bezüglich Kommunikationsarchitektur klar und es ist praktisch nichts über die Controller-Firmware im Paket. Mit Ausnahme einer zweiseitigen Handhabung der Sequenz of Events (SOE), wobei angenommen wird, dass sie teilweise auf der Controller-Ebene durchgeführt wird. Was ist die erforderliche Speicherkapazität dafür?

Das Dokumentenpaket enthält keine Beschreibung der Steuerfunktionen, Funktionsliste oder Erklärung der Softwarekonfiguration. Das Dokument Packet beinhaltet auch keine funktionalen Software-Design-Spezifikationen. Einige der Firmware-Konzepte müssen angenommen worden sein, denn wie konnte sonst die Entwicklungsgruppe ihr Hardware-Design entwickeln?

Ende der Kommentare

Karl plante am nächsten Morgen Fragen an das Software-Team zu stellen und dann ein F & E-Meeting abzuhalten. Sicherlich, vor dem Treffen mit Martin am Freitag, brauchte er alle Informationen, um seiner Einschätzung des Design-Pakets Glaubwürdigkeit zu verleihen. Mit dem Fortschritt seiner Dokumentenprüfung zufrieden, beschloss er ein Abendessen aus der Mikrowelle zu nehmen und sich dann vor dem Fernseher zu entspannen, wo er fast einschlief.

Früh am nächsten Morgen im Büro, auf dem Weg zur Kaffeeecke, traf Karl Peter Maurer, einer der Softwareingenieure in seinem Team. Er stellte sich wieder vor, und fragte scherzhaft „Gut, wie lange wird es dauern, um die Software für das neue System fertig zu haben?" Er folgte mit „das ist nur ein Scherz, ich wollte später heute Vormittag mit euch bezüglich dessen zusammen kommen." Zum Glück war niemand in der Nähe, denn Peter schien in schlechten Stimmung zu sein und Karl bekam was Unerwartetes zu hören.

„Wir, als Programmierer, werden ständig gefragt ‚Wie lange es dauern wird?'. Und wissen Sie, die Situation ist fast immer wie folgt: die Anforderungen sind unklar. Niemand hat eine Analyse aller Auswirkungen vorbereitet. Das neue Feature wird wahrscheinlich einige Annahmen, die man im Code vorgenommen hat beeinflussen und man denkt sofort an all die Dinge die man möglicherweise umgestalten muss. Man hat andere Dinge, von vorherigen Aufträgen, zu erledigen, und man muss zu einer Schätzung kommen die andere Arbeiten berücksichtigt. Die Definition ‚Fertig' ist wahrscheinlich unklar. ‚Fertig' bei der Codierung, oder ‚Fertig', bereit für die Verwendung des Benutzers? Egal, wie bewusste man sich all dieser Dinge ist, der Stolz des Programmierers akzeptiert sehr oft kürzere Zeiten als man ursprünglich geschätzt hat, vor allem, wenn man den Termindruck und die Erwartungen des Managements zu fühlen bekommt. Vieles davon sind organisatorische Fragen, die nicht einfach und leicht zu lösen sind, aber letztlich wird man aufgefordert eine Schätzung abzugeben und man erwartet, dass man eine angemessene Antwort gibt", kommentierte Peter.

Karl sagte: „Es tut mir leid Peter, ich hatte nicht vor Sie zu stören. Ich hätte eigentlich meine Wertschätzung zum Ausdruck bringen sollen, dass Sie sich hier so früh in den Morgenstunden befinden, es ist ja noch nicht einmal 07:00 Uhr."

„Oh, ich bin schon seit mehr als zwei Stunden hier und es ist mir noch nicht gelungen, den Fehler in diesem Sub-Programm zu finden. Ich entschuldige mich für meine Reaktion. Was kann ich für Sie Sir tun? "

„Entschuldigung akzeptiert. Ich will Sie nicht viel länger aufhalten. Aber wer ist der Programmierer der an unseren neuen Controller arbeitet? " fragte Karl.

„Leon Denkl ist unser Programmierleiter. Er wohnt in Kalifornien und arbeitet aus seinem Büro zu Hause. Er hat vielleicht begonnen, aber soweit ich weiß, versucht er immer noch das Software-Modul für das Alarm-Management des bestehenden Produktes abzuschließen."

„Danke Peter und viel Glück bei Ihrem aufwändigen Debugging", sagte Karl.

Karl dachte darüber nach, wie er sich am besten auf sein Projekttreffen vorbereiten könnte, denn er wollte die Teilnahme der Software-Ingenieure meiden, da sie scheinbar noch nicht mit dem neuen Controller-Task begonnen haben. Er wird warten, Leon Denkl anzurufen, aber im Hinblick auf Peters Kommentare, erwartet er keine positive Reaktion bezüglich des neuen Software-Status. Er weiß, dass die Vorbereitungen für die Besprechung nur die halbe Herausforderung ist. Er muss auch eine Atmosphäre der Führung und Kommunikation etablieren, und mit der Software Situation kann er einen echten Test erwarten. Trotzdem kann ein Kickoff-Meeting für das neue Entwicklungsprojekt für ihn die beste

Gelegenheit sein, um die Gruppe in Richtung Fortschritte in der Arbeit und einen gemeinsamen Ziel, anzuregen. Aus seiner Erfahrung weiß er, dass ein gutes Kickoff-Meeting das Ergebnis guter Planung ist.

Die Überprüfung des Hardware-Designs gibt ihm einen brauchbaren Anfang, aber irgendwie muss er die Software-Aspekte als ‚normal' präsentieren, obwohl die Anzeichen darauf hindeuten, dass sie es nicht sind. Karl hat Taktiken entwickelt, die er benutzt, um einen positiven Ton für Besprechungen, selbst bei kontroversen Einstellungen, zu fördern. Diese Diplomatie hilft ihm, organisiert zu bleiben, seine Führung zu etablieren und die einzelnen Ingenieure und Designer in einem Team zu motivieren.

Fast jeder Software-Entwickler den Karl jemals kannte hat den Software-Zeitplan chronisch unterschätzt, wie lange es dauern wird um eine Aufgabe, oder eine Reihe von Aufgaben, zu erledigen. Nur die besten sind in der Lage eine genaue Zeitschätzung zu geben und zu erfüllen, während der Rest manchmal um einen Faktor von zwei oder mehr daneben liegt. Das Problem ist, dass Software-Ingenieure, in der Regel kreative Menschen, oft nicht die Probleme vorhersehen, die auftreten können. Obwohl sich viele Ingenieure beschweren, dass Produktmanager ihre Meinung oft ändern, betrachtet das kaum einer in seiner Zeitschätzung. Es wird keine Zeit für Sitzungen über Anforderungen und Änderungen einkalkuliert. Bugs? Unser Code ist perfekt und hat nie Fehler, darüber brauchen wir uns keine Sorgen zu machen. Immerhin wird QA alles, was wir irgendwie übersehen aufdecken, glauben viele. Einige der anderen Ingenieure, auf die sie sich verlassen, werden abwesend sein. Sie gehen oft davon aus, dass jemand anderer das Fehlende ausgleichen wird. All diese Dinge summieren sich sehr schnell zu Terminüberschreitungen, aber nichts hat so viel Einfluss wie das Fehlen einer umfassenden Beschreibung des Funktionsdesigns und die nicht-einkalkulierte Zeit zum Lernen. Dies geht direkt auf eine gemeinsame Schwäche von Programmierern zurück. Sie denken, dass sie ohne Detail-Planung wissen, wie man die Aufgaben vervollständigt, aber sehr häufig gibt es Dinge, die sie noch nie zuvor getan haben. Ihre Zeitschätzungen reflektieren einen Zustand des vollkommenen Wissens, in dem sie lediglich einen groben Umriss der Aufgabe benötigen um zu programmieren. In Wirklichkeit sind viele Aufgaben komplexer und werden daher häufig falsch beurteilt.

Vor diesem Hintergrund telefoniert Karl mit Leon Denkl. „Hallo Leon, hier ist Karl. Ich bin gerade MICGEN als Manager von F&E beigetreten. Hätten Sie eine Minute Zeit?"

„Hallo Karl, Martin hat mich darüber informiert. Was kann ich für Sie tun?"

„Ich habe erfahren, dass Sie für die Software des neuen Controller-Produkts verantwortlich sind. Könnten Sie mir Informationen darüber senden, vielleicht per E-Mail?"

„Nun, es gibt nicht viel zu senden. Wir fügen einfach Steuerfunktionen an das bestehende Funktionsarchiv hinzu. Ich habe begonnen daran zu arbeiten, musste aber am vergangenen Freitag wegen einer Zusage für ein Alarm-Management-Software-Modul aufhören. Dies ist eine große Aufgabe und ich bin nicht sicher, wann ich in der Lage sein werde, wieder zu dem neuen Controller-Programm zurück zu kehren ", antwortete Leon.

„Könnten Sie die funktionale Design Beschreibung der neuen Controller-Software per E-Mail an mich weiterleiten?" fragte Karl.

„Es gibt keine solche Beschreibung und da wir nur Kontrollfunktionen an die vorhandene Software hinzufügen, glaube ich nicht, dass wir eine brauchen ", sagte Leon mit einer etwas irritierten Stimme.

„Tut mir leid, Sie gestört zu haben. Ich verstehe, dass Sie unter Druck sind und an mehreren Aufgaben arbeiten. Hätten Sie etwas dagegen, wenn ich Sie Anfang nächster Woche zurückrufe? ", sagte Karl.

„Sicher, bis dahin sollte ich dieses Alarm-Management-Programm im Griff haben", antwortete Leon.

Das Gespräch mit Leon lief nicht wie erwartet. Obwohl Karl, nach Peters Bemerkungen, nicht überrascht gewesen sein sollte. Er konnte jedoch nur schwer akzeptieren, dass es seinem leitenden Programmierer nicht klar war, dass die Software des gegenwärtigen Systems nicht angewendet werden kann, indem man einfach ein paar Steuerungsfunktionen hinzugefügt, um Prozessregelung zu verarbeiten. Oder vielleicht hatte Leon keine Zeit, die Anwendungen zu analysieren und dachte, die Funktionen seien unabhängig von den Verknüpfungen, die im neuen Controller notwendig sein würden. In jedem Fall erkannte Karl, dass er vor einer großen Herausforderung stand, um Leon von der absoluten Notwendigkeit einer detaillierten Funktionsbeschreibung zu überzeugen. In Anbetracht dessen, dass das Hardware-Design ziemlich weit fortgeschritten war, war es fast unglaublich, dass die Softwareaufgaben anscheinend nicht analysiert wurden.

Karl war enttäuscht und ging zu Martins Büro. Die Tür war offen und Martin saß an seinem Schreibtisch mit seinem Kopf in einige Papiere versunken. „Es tut mir leid zu unterbrechen, Martin, hättest du eine Minute Zeit?", fragte Karl.

„Sicher, was ist los?" antwortete Martin.

„Nun, ich sprach gerade mit Leon Denkl und er teilte mir mit, dass, soweit es die neue Controller-Software betrifft, geplant sei, einfach nur ein paar Steuerfunktionen zu der bestehenden Software hinzuzufügen und das ist alles. Du weißt, dass dies nicht funktionieren wird. Vergessen wir unser Brainstorming-Gespräch über künstliche Intelligenz, ich spreche hier von elementarer Prozess Regelung."

„Ich bin froh, dass du dies so schnell begriffen hast. Ich bin sicher, dass du beim Durchsehen des Dokumentationspakets, das ich dir gestern übergeben habe, dich gefragt hast, wo der Software Teil war. Leon mag einige Funktionen angesehen haben, nur um sich mit der Steuerung vertraut zu machen. Aber du hast ja so Recht. Wir können nicht die Software unseres gegenwärtigen Systems erweitern. Das war der Hauptgrund für mich, mit dir an diesem Freitag eine Besprechung über genau dieses Thema haben zu wollen. Ich wollte nicht, dass wir zu lange warten, um dieses Thema zu besprechen."

„Ja, das ist ein wesentlicher Teil des neuen Systems. Ich bin so erleichtert, dass wir auf der gleichen Wellenlänge zu diesem Thema sind ", antwortete Karl. „Danke Martin. Und nochmals, Entschuldigung für die Unterbrechung "

„Nichts zu danken, es sieht aus als ob du dich in das neue System sehr schnell vertiefst ", sagte Martin und kehrte auf die Lektüre seiner Papiere vor ihm zurück.

Karl ging zurück in sein Büro und verfolgte seine frühere Entscheidung, ein Kickoff-Meeting über das neue System zu halten. Er übergab jedem Ingenieur in seiner Gruppe die Meeting Agenda.

Er ging zu ihren Büros, suchte Augenkontakt und sagte einfach 'lasst uns morgen um 10:00 Uhr in meinem Büro treffen. '

Control System Entwicklung - Kickoff Meeting Agenda

Datum/Uhrzeit: 10:00 Mittwoch XX, X .

Geschätzte Dauer: eine Stunde

Teilnehmer gebeten, teilzunehmen: Jeder der Produktentwicklungsgruppe.

Zweck: Diskussion des Entwicklungsstands des neuen Controller Produktes.

Ziele und Ergebnisse: Entwicklungsaufgaben besprechen und dokumentieren.

Projektplan: Einführung - Karl Winkler.

Kritische Erfolgsfaktoren:

Kommunikationspläne: Diskussion wie wir Informationen und Updates innerhalb der Gruppe und den interessierten Parteien teilen.

Fragen und Antworten:

Zusammenfassung:

Hinweis: Kickoff Meetings setzen die Präzedenz aller am gesamten Projekt beteiligten Personen voraus. Dies beinhaltet auch den ‚Gruppen Aspekt'; wo bestimmt wird, wie sie und ihre Teamkollegen während des gesamten Projekts interagieren. Aber ohne die richtige Kooperation sind diese Meetings nur eine teure Diskussion offensichtlicher Dinge. Auf der Folgeseite wird Karls Ansatz zu einem erfolgreichen Meeting für die neue Steuerung (trotz des fehlenden Software-Anteils) diskutiert.

Am nächsten Tag, war jeder pünktlich in Karls Büro. Karl begrüßt alle Teilnehmer und erklärte, dass er beabsichtigt, die vorläufigen neuen Produktinformationen zu besprechen und das am Ende Zeit für Fragen bleibt. Er teilte ihnen mit, dass ihm Martin gestern das Dokumentenpaket des neuen Controllers gab und er mehrere Stunden damit verbrachte es zu überprüfen und dass er glaubt die Design-Architektur von der Hardware-Perspektive zu verstehen. Er fügte hinzu, dass er vermute, dass von der Software-Seite her noch nicht viel geschehen sei. Er betonte, seine Präsentation bitte zu unterbrechen, falls er Grundlagen missverstanden hätte.

Er verteilte die Notiz über das Hardware-System, die er letzten Abend zusammenstellte, und sagte: „Das ist meine Interpretation des Hardware-Designs auf der Grundlage dieses Dokumentationspaketes", und zeigte auf den Papierstapel auf seinem Schreibtisch. „Lassen Sie mich durch den Artikel Punkt für Punkt gehen."

Karl warf einen Blick auf das Team und war zufrieden, zu sehen, dass ihre Körpersprache Interesse zu bekunden scheint. Er ging durch die Konstruktion und Funktionen und wiederholt einige Teile um zu überprüfen, dass seine Analyse der Dokumentation korrekt war. Er lobte Kurt Binger, den leitenden Hardware Ingenieur, über die Vollständigkeit der Dokumentation. Er wies darauf hin, dass er Bedenken hatte, dass die Größe des Arbeitsspeichers für SOE Daten und Lokal-Intelligenz mutmaßlich nicht ausreichend sei und es mögliche Engpässe im Bereich Kommunikation geben könnte. Er wollte auch jede Diskussion über Software-Aufgaben vermeiden, bis er genügend Informationen hatte. Karl wollte sich bei diesem Treffen nicht festfahren, aber doch die Gelegenheit nutzen, Dinge zu erwähnen, wo Probleme auftreten könnten.

Karl hielt inne um sicher zu sein, dass er noch ihre Aufmerksamkeit hatte. Er wollte die wichtigsten Erfolgsfaktoren betonen und mit der Feststellung erklären warum sie so zentral sind: „Trotz der Tatsache, dass es oft Opposition wegen begrenzter Arbeitskräfte gibt, und ich bin mir bewusst dass wir eine kleine Gruppe sind, ist es meine Erfahrung, dass ein neuer Produkt-Entwicklungsprozess eine ausführliche Funktionsbeschreibung des Produkts haben sollte. Ja, zum Beispiel in diesem Fall ist das Hardware-Konzept gut dargestellt, jedoch ohne die Softwarebeschreibung, können wir nicht wissen, ob wir etwas übersehen haben oder nicht. Wir brauchen wirklich eine umfassende Darstellung des neuen Produktes, denn es besteht ein sehr großer Unterschied zwischen unserer derzeitigen zentralen Controller Architektur und unserem neuen verteilten Design. Dies betrifft insbesondere den Softwarebereich. Die Definition sollte auch Tests und Prüfverfahren im Detail enthalten." Er setzte fort, „und der Erfolg der Produktentwicklung liegt praktisch jedes Mal in der vorab Detail-Definition."

Karl fuhr dann fort mit „Ich möchte alle daran erinnern, dass Teamwork wichtig ist. Wir müssen uns gegenseitig unterstützen. Ziel ist die Entwicklung erfolgreich abzuschließen, und es obliegt jedem seinen Teil dazu beizutragen. Bezüglich Unterstützung möchte ich folgenden Vorschlag zum Austausch von Informationen und Updates innerhalb unserer Gruppe machen: Ein zweiwöchentliches Treffen über den Entwicklungsstand und die Nutzung des Firmen-Intranets, um alles was die Entwicklungsfortschritte beeinträchtigt und dokumentiert werden muss, zu kommunizieren. Auch, für wichtige Fragen, zögern Sie nicht, mich direkt zu kontaktieren."

Karl schaute auf seine Uhr und sagte, „soweit haben wir weniger als 30 Minuten verbraucht, lasst uns die Besprechung für Fragen und Antworten öffnen."

„Ich habe eine Frage an Kurt", sagte Emma, eine der Programmiererinnen. „Wann denken Sie, dass diese neue Controller-Hardware fertig sein wird?"

Kurt antwortete: „Ich glaube, dass wir einen Prototyp in etwa neun Monaten haben werden. Zu diesem Zeitpunkt haben wir kaum die architektonische Gestaltung fertig."

Peter fragte dann Karl „ wird Leon derjenige sein, der die Software gestaltet?"

Karl antwortete „Leon benötigt Hilfe. Wie Sie wissen, arbeitet er zurzeit an der Alarm-Management-Aufgabe."

Karl fasste das Treffen mit einem Aufruf zum Handeln bezüglich der Funktionsbeschreibung zusammen, er sagte ihnen dass er mit Leon Denkl nächste Woche sprechen werde, um auch dies mit ihm zu klären und bedankte sich für ihre Aufmerksamkeit während dieses Kickoff-Meetings. Er sagte dann, dass er begeistert sei, Teil dieses Entwicklungsprojekts zu sein und dass er sich auf die erste Statusbesprechung über den neuen Controller, in zwei Wochen, freue. Er fügte hinzu: „Ich weiß, dass Zeit sehr wertvoll ist. Wir haben dieses Treffen in weniger als einer Stunde abgeschlossen. Nochmals vielen Dank."

Als sie sein Büro verließen, sagte sich Karl ‚Ich frage mich was sie denken?; Dies war angeblich ein Kickoff-Meeting und ich habe keinen grundlegenden Projektplan erklärt, habe keine Aussage über kurz- und langfristigen Ziele gemacht die erreicht werden müssen um bestimmte Leistungen zu realisieren und habe auch keine Fragen über die Aufgaben der einzelnen Teilnehmer gestellt.' Hätte er ihnen sagen sollen, dass er dies absichtlich tat, weil er glaubte, dass derzeit ein grundlegender Mangel an Verständnis in Bezug auf die Software des neuen Produktes bestand? Ohne die Softwareinformation wird es nicht möglich sein, die Hardware zu definieren. Obwohl aus technischer Sicht fast nichts erreicht wurde, war das Treffen vom Standpunkt der Teamarbeit förderlich. In Anbetracht des Dokumentationspaketes und der Tatsache, dass die Hardware und die Software-Gruppen vorher als getrennte Einheiten handelten, war dieses Treffen wahrscheinlich die Zeit wert.

Karl wusste, dass er Anwendungsdetails benötigte, um ein grundlegendes Verständnis der Unterschiede zwischen dem bestehenden Produkt und dem neuen Produkt zu schaffen. Es war nicht ein Mangel an Intelligenz oder beruflichen Fähigkeiten; Karl hatte das Gefühl, das sein Team aus äußerst fähigen Leuten bestand, aber sie lebten in ihrer Welt der Sicherheitssysteme, die vom Standpunkt der Funktionalität sehr verschieden von denen der Prozessleitsysteme waren. Er dachte an Möglichkeiten, wie die Funktionen der Prozesssteuerung am besten zu illustrieren wären und kam zum Ergebnis, dass typische Anwendungsbeispiele die Erklärung einfacher machen würden.

Karl plante, ein Anwendungshandbuch für Advanced Process Control nach seiner Fertigstellung der ersten Produktentwicklungsaufgaben, zusammenzustellen. Vielleicht könnte er damit in ein paar Monaten beginnen. Aber es sah so aus als ob sofort ein paar Anwendungsbeispiele von grundlegenden Steuerelementen erforderlich wären, um den besten Einstieg zur Beschreibung der Softwarefunktionalität zu finden. Glücklicherweise war dies sein Spezialgebiet, und während es keinen anderen Grund für die rudimentären Kontroll-Erklärung gab, als sein Team von der Notwendigkeit unterschiedlicher Softwarefunktionalität zu überzeugen, zumindest würde er nicht viel Zeit benötigen, um eine kurze Präsentation zusammenzustellen. In Verbindung mit ein paar Diagrammen aus dem Instrument Engineers Handbook, glaubte er, dass dieser Ansatz belehrend wäre. Er war entschlossen, dies bis Freitag durchzuführen. So schloss er die Bürotür und fing direkt damit an.

Am nächsten Morgen, als er an seinem Schreibtisch saß und noch mit seinen Anwendungsdiagrammen beschäftigt war, kam Martin in sein Büro und sagte, „Nun Karl, ich hörte dass du eine hervorragende Besprechung mit deiner Gruppe hattest. Meinen Glückwunsch!"

„Hatte ich?" antwortete Karl und fragte, mit einem verwirrten Blick, „Wer hat dir das gesagt?"

„Beide, Peter und Kurt sagten, dass alle mit deiner Produktanalyse und mit deinem Team Schwerpunkt, beeindruckt waren."

Karl reagierte nicht auf das Kompliment; er dachte, dass sie wahrscheinlich glücklich waren, weil er sie nicht an Ort und Stelle mit gezielte Fragen ausgeforscht hatte'.

Und dann fuhr Martin fort, „übrigens, ich hatte ein Telefongespräch mit Leon. Das Hauptthema war nicht über das neue Produkt, aber er ließ mich wissen, dass er von Anfang an verstanden hat, dass das Konzept der Konfiguration geändert werden müsste." Dann fügte Martin hinzu „Leon ist ein brillanter Programmierer, einer der Besten, doch leider manchmal schwierig zu verstehen. Aber lass uns morgen darüber reden." und Martin verließ das Büro.

‚Ich habe meine Zeit mit der Umsetzung dieser Merkplätter für Anwendungen verschwendet, wenn der leitende-Software Kerl das Konzept bereits versteht' murmelte Karl zu sich selbst.

Doch weil er fast damit fertig war, beschloss er, von den bisherigen Ergebnissen Kopien zu machen, damit er die Informationen an Peter und Kurt weiterreichen konnte. Er fügte ein Deckblatt hinzu, mit einem einleitenden Absatz, der besagte, dass er dies nur zur besseren Veranschaulichung der Punkte vorbereitete, die er während der Besprechung über die Unterschiede zwischen Konfigurationen von Sicherheits- und Kontrollfunktion gemacht hatte.

Karl ging zuerst zu Kurts Büro und sagte „Hallo Kurt. Ich habe ein paar Illustrationen mit Anmerkungen zusammengestellt, die die Konfigurationsunterschiede zwischen Sicherheit und Regelkreisen zeigen. Wenn Sie Zeit haben, schauen Sie sich das bitte an."

„Danke Karl ", sagte Kurt. „Ich dachte über Ihre Kommentare nach und überprüfte die Speicherkapazität; wir können die Größe ohne erhebliche Kostenauswirkungen vervierfachen", fügte er hinzu.

„Das ist großartig", antwortete Karl.

Dann ging Karl zu Peters Büro und bevor er etwas erwähnen konnte, sagte Peter „Hallo Karl. Das war eine herausragende Besprechung! Was haben Sie denn da?"

„Nun, danke, Peter, Ich skizzierte einige Diagramme, die zur Klärung der Regelkreis-Konfiguration dienen können. Wenn Sie einen Moment Zeit haben, bitte schauen Sie sich die an ", sagte Karl.

„Da ich gerade dabei war diese Unterroutine zu debuggen, werde ich Ihre Diagramme sofort ansehen", sagte Peter.

„Super!", Sagte Karl und kehrte in sein Büro zurück. Er war begeistert. Es gibt Anzeichen dafür, dass diese Schlüsselmitglieder seines Teams gewillt sind die neue Technik aufzunehmen.

Karl kam sehr früh am Freitag im Büro an; Er ging das gegenwärtige Sicherheitssystem in Gedanken durch, um für Vergleichsfragen vorbereitet zu sein, die bei dem Treffen mit Martin entstehen könnten. Dann um 09.00 Uhr ging er in Martins Büro, um herauszufinden, wann das Treffen starten sollte.

„Hallo Karl." sagte Martin, sein Gesicht leuchtend, „bereit für das Treffen? Bevor wir beginnen möchte ich dir mitteilen, dass ich gerade eine gute Nachricht von Tim Boschek erhalten habe; dass die Auftragsvergabe für das große Sicherheitssystem von CAISTOS Onshore zu unseren Gunsten entschieden wurde. Tim wird an diesem Nachmittag im Büro sein, und ich möchte, dass wir drei uns zusammensetzen und dieses kommende Projekt besprechen." sagte Martin und fügte hinzu: „Tim machte den Vorschlag, die Prozessregelungen zu einem unserer bestehenden Sicherheitssysteme hinzuzufügen. Dies könnte eine große Chance sein, unser neues System zu installieren. Lass uns dies alles besprechen, wenn Tim hier ist."

Und Martin fuhr fort „Ach ja, und lass mich auch über Leon Denkl sprechen, bevor wir mit dem anderen Thema beginnen, weil dies so ein wichtiger Aspekt unseres neuen Systems ist. Wie ich gestern erwähnte, hatte ich ein Gespräch mit Leon. Für die Fertigstellung der Alarmverwaltung schätzt er sechs bis acht Monate. Ich setze ihn dauernd unter Druck und muss mich für die Antwort entschuldigen, die er dir gegeben hat."

„Das bedeutet, dass uns zu diesem Zeitpunkt ein führender Softwareentwickler für das neue System fehlt?", sagte Karl.

„Ja, das ist leider der Fall; du hast am Montag, während unserer Brainstorming-Sitzung, über ein ‚Software Wunderkind' gesprochen; gibt es eine Chance, ihn zu uns zu holen?" fragte Martin.

Karl antwortet „Ich habe darüber gestern nachgedacht und habe Jan Bettin angerufen, um zu sehen, was er tut; leider teilte er mir mit, dass er eine interessante neue Aufgabe hat." Karl fuhr fort „Jan ist noch jung und ziemlich unerfahren, im Gegensatz zu Leon, der über langjährige Erfahrung verfügt. Jan würde ein detailliertes Funktionsdesign vorab brauchen."

„Nun, wir benötigen das sowieso", unterbrach Martin.

„Stimmt", sagte Karl. „Aber es wäre besser für das Software-Team dieses Dokument selbst zu generieren, so dass sie die Beteiligten sind."

„Ja, ich weiß, aber in unserem Fall bin ich nicht sicher, wie viel unsere Akteure wirklich über Prozesssteuerung verstehen", sagte Martin und setzte fort „Überlege dir das noch einmal und rufe Jan an."

„OK, wird gemacht" antwortete Karl.

„In Ordnung, so in Bezug auf unsere heutige Besprechung ", sagte Martin. „Lass mich dann mit der Produkt Tagesordnung starten. Ich möchte zuerst, dass du die Hintergrundinformationen, was ich mit dem neuen Produkt im Sinn gehabt habe, verstehst; und wenn du Fragen hast, zögere nicht, mich zu unterbrechen. "

„Von Anfang an war der Planungsprozess für das Produkt in unserem kleinen Unternehmen umstritten, weil die meisten von ihnen nur das Sicherheitssystem verbessern wollten. Feedback von unseren Kunden und Neuheiten bei der Konkurrenz waren für mich ein deutliches Anzeichen, dass dies nicht der richtige Weg war. Wir müssen die Anforderungen der Kunden, eine ‚Gesamtlösung‘, erfüllen. Mit dieser starken Kundenreaktion beschloss ich vor zwei Monaten, eine vorläufige Planung zu initiieren. Ich teilte Kurt Binger mit, die neuestens DCS-Designs anzuschauen und einen Controller, der die verteilte Architektur eines DCS mit der Zuverlässigkeit eines Sicherheitssystems vereint, zu entwickeln. Das Zeichnungspaket das ich dir gegeben habe ist das Ergebnis. Wir haben nicht viel mehr getan.“

„Kurt hat hervorragende Arbeit geleistet" unterbrach Karl.

„Ja, er hat", antwortete Martin und fuhr fort. „Ich bin zufrieden mit unserer Analyse aus der Sicht des Kunden, aber bezüglich der Vertriebskanäle bin ich etwas unsicher, da die Stärke unserer Mitarbeiter und Vertreter nicht in diesem Anwendungsbereich liegt. In Bezug darauf, ob wir den Trend in der Prozessleitsystem-Industrie in unserer Produktpläne berücksichtigt haben, möchte ich dies mit dir später besprechen, ich meine nach meiner kurzen Präsentation in Bezug auf die folgenden Aspekte.“

- Wir haben die **Beendigung unserer derzeitigen Produkte** nicht wirklich bewertet. Das wird eine schwierige Entscheidung werden - Kosten von Ressourcen, Überalterung, usw., um ein Produkt aufrecht zu erhalten.

- In Bezug auf **Kosten** habe ich nur eine grobe Schätzung - wir müssen dies verfeinern, sobald wir die Software Probleme im Griff haben und nachdem wir eine funktionale Anforderungsspezifikation haben.

- Wir brauchen auch eine **vorläufige Dokumentation** - eine Produktbeschreibung, so dass wir unser neues Produkt für die Kunden in Bezug auf den Wert für den Käufer, warum es besser als die Konkurrenz ist, usw., beschreiben.

- Wir brauchen eine **Ressourcen Schätzung** - Ich arbeitete mit Kurt, um eine grobe Schätzung zu bekommen - was wir brauchen um zu testen und das Produkt zu bauen. Aber ich traf auf Widerstand. Es ist verständlich, Kurt wollte sich nicht zu einem Zeitplan für ein Produkt verpflichten, von dem die Software nicht definiert ist. Daher müssen wir wirklich eine Funktionsspezifikation erstellen, die das Produkt definiert und einen Application-Guide, der uns erlaubt die Bedürfnisse des Marktes zu beurteilen.

- Und jetzt, da wir die Möglichkeit haben ein Angebot für ein Projekt zu machen und es mit hoher Wahrscheinlichkeit auch bekommen, müssen wir einen Weg finden, **in kürzerer Zeit auf den Markt zu kommen** als vorausgesehen."

„Karl, ich weiß, du hattest weniger als eine Woche Zeit, um ein Gefühl für das, was hier los ist, zu bekommen, was sind deine Prognosen?", fragte Martin.

Karl antwortete: „Wenn du nach einer Prognose fragst, es gibt genügend Informationen von einer Hardware-Perspektive um eine annähernde Vorhersage zu machen, aber wie du weißt, es gibt praktisch keine Softwareinfo und keinen leitenden Programmierer. Daher ist meine Empfehlung das Produkt vom Standpunkt der Funktionsanforderungen zu definieren und ein Verkaufs-Bulletin und Anwenderhandbuch zusammen zu stellen, so dass potenzielle Kunden und unsere Vertriebskanäle wissen was das Produkt tun soll; und am wichtigsten ist es, so schnell wie möglich einen Software-Ingenieur einzustellen."

Martin sagte dann: „So, dann mach bitte nochmals einen Versuch, Jan so schnell wie möglich zu erreichen, und wenn du erfolgreich bist, bitte rufe mich zu Hause an."

Natürlich ist es eine gute Nachricht den Auftrag für ein großes Sicherheitssystem feiern zu wollen, aber Martin weiß, dass ein Großauftrag nicht bedeutet Geld auf MICGEN's Bankkonto zu haben - zumindest nicht für die nächsten sechs Monate. Inzwischen wird mehr Geld für Leute und Materialien benötigt. Er wird die Produktions- und Test Gruppe bitten, länger zu arbeiten um die Hürde zu überwinden. Lieferanten müssen auch kontaktiert werden, usw. Er wird Johann, den Projektmanager, ersuchen eine Projektdurchführungsstrategie und To-Do-Liste zu erstellen, und das Budget für die Personal- und Produktionsmittel vorzubereiten. Die positive Seite dieses Großauftrags ist, dass er Schulden abzahlen kann und ein Teil der Gewinne investieren kann, um die Entwicklung des neuen Produktes zu beschleunigen.

Um 15.00 Uhr bekam Karl einen Anruf von Martin. „Karl, Tim Boschek ist hier. Bitte komm zu uns in den Konferenzraum."

„Ich bin gleich da ", antwortete Karl und eilte zum Besprechungszimmer. Tim und Karl stellten sich einander vor und Martin sagte „Karl, ich teilte dir mit, dass Tim eine Anfrage zur Hinzufügung eines Regelsystems zu einem unserer vorhandenen Sicherheitssysteme zurückbrachte. Dies war ein Missverständnis. Es ist ein kompletter Prozessregelung und Steuerung Umbau Job für AROBCOs Esmix, eine Offshore-Produktion-Plattform in der Nordsee, ein riesiges Projekt. Sie verwenden derzeit unser ESD für das Sicherheitssystem und ein DCS für das Regelsystem. Die haben auch einen Supervisory Computer. AROBCO mag unsere Sicherheitssystem Struktur und sie wollen dieses dreifach modular redundante (TMR) Konzept sowohl für das Sicherheits- als auch das Regelsystem anwenden. Dies würde die großen DCS-Lieferanten ausschließen."

„Ja", unterbrach Tim. „Wir haben eine echte Chance hier."

Und Martin setzte fort „AROBCO wird eine Kompressionseinheit hinzufügen. So, bezüglich Zeitperspektive sprechen wir von etwa zwei Jahren."

Tim fügte dann hinzu, „sie erzählten mir, dass deren gegenwärtige Steuerung aus Sicht der Zuverlässigkeit und der Regelung nie zufriedenstellend gearbeitet hat und der Supervisory Computer die meiste Zeit außer Betrieb war. Sie betonten, dass sie eine gemeinsame TMR-Architektur für ihr System haben wollen."

Dann sagte Martin „Ich war noch nie bei einer Plattformsteuerung für die Produktion beteiligt. Sind die komplex, Karl?"

Karl antwortete „Ja, wegen der Druckänderungen und der Einspritzsysteme sind bestimmte Produktionsplattformen schwer zu steuern. Sie verlassen sich manchmal auf ihre Sicherheits-Ventile,

87

was nicht nur gefährlich ist, sondern auch die Aufmerksamkeit der Umweltschutzabteilung der Regierungen auf sich zieht. Ich arbeitete an der Gestaltung einer Steuerung jener Produktionseinheiten und muss sagen, dass dies die komplexesten Anwendungen darstellten, bei denen ich engagiert war."

„Sie haben wirklich bei der Gestaltung von einer dieser Einheiten gearbeitet?" fragte Tim.

„Ja, vor etwa vier Jahren hat SONARES Engineering die Mess- und Regeltechnik für die CAISTOS Plattform ausgeführt." Karl antwortete „das war eines der schwierigsten Jobs, die sie jemals erledigt haben. Ich werde die Hürden für das Regelsystem, mit denen wir konfrontiert waren, nie vergessen.

Das ist eine lange Geschichte; Ich kann euch eine Präsentation, die bei der Erstellung unseres Vorschlags nützlich sein könnte, zusammenstellen."

„Wow", schrie Tim „Das ist großartig, wie wäre Mittwoch nächster Woche?"

„Ich will auch teilnehmen. Und Karl, können wir uns in 15 Minuten sehen? ", fragte Martin.

„Klar, ich werde in deinem Büro sein", antwortete Karl und sie verließen den Konferenzraum.

Später, als Karl in Martins Büro trat, stand Martin auf und schloss die Tür hinter ihm. „Ich muss dir etwas über Tim mitteilen; er ist ein toller Kerl und hat eine positive Einstellung. Unabhängig von den Herausforderungen, mit denen er konfrontiert ist, bleibt er immer begeistert. Wenn irgendwer jemals deprimiert ist, kann er zu Tim für Inspiration gehen. Und wenn der Vertriebsleiter eine Quelle der positiven Energie ist, hat dies auch Auswirkungen auf die

Kunden. Nachdem ich das alles gesagt habe, muss ich dir auch mitteilen dass Tim leider nicht technisch orientiert ist. Das ist kein großes Problem beim Verkauf von Sicherheitssystemen, aber es wird ein Thema beim Verkauf von Steuerungen werden. Was bedeutet, dass bei dem Projektvorschlag, den wir besprachen, du und ich, die Arbeit erledigen müssten."

„OK", antwortete Karl, „lass uns zuerst einen Programmierer an Bord bringen."

„Ja, Karl", sagte Martin. „Hab ein gutes und erfolgreiches Wochenende."

Während der Heimfahrt am Freitagabend, konnte Karl an nichts anderes mehr denken, wie er Jan Bettin überzeugen könnte, bei MICGEN mitzumachen. Er sagt sich ‚Ich bin alles andere als ein Experte mit persönlichen Interviews, aber mit Jan haben ich bereits festgestellt, dass er beruflich passionierter ist, er kommuniziert effektiv in einer kleinen Gruppe, er ist sehr mit dem Control-Funktion-Bereich vertraut und ich glaube, dass jeder in meinem Team gerne mit ihm arbeiten würde. Ja, er hat nur ein paar Jahre Erfahrung auf dem Buckel, aber seine Leistungen waren hervorragend. Aber ich weiß, dass es selbst mit den besten Voraussetzungen schwierig sein wird, jemand zu gewinnen. Menschen sind kompliziert und Programmierer ganz besonders. Auch in diesem Fall. Viel wichtiger als das was er weiß, ist es wie schnell er es lernt. Und aus meiner Erfahrung hat Jan eine gute Erfolgsbilanz bezüglich Erlernen neuer Fähigkeiten und deren Anwendung. '

Am Samstagmorgen rief Karl Jan Bettin an. Nach drei Versuchen kam er durch. „Hallo Jan. Hier ist Karl."

„Hallo Karl, wie ist es in deiner neuen Firma? ", fragte Jan.

Karl antwortete „Großartig, darum will ich mit dir sprechen. Da du diesen Job, den dein Unternehmen an SONARES verkaufte, so gut gemeistert hast, möchte ich dir ein attraktives Angebot machen. Die Entwicklung an der du arbeiten würdest, ist ein neues fortschrittliches Prozessleitsystem. Es wäre ein fantastischer Karriereweg für dich! Bereit für einen super Karriereschritt?"

„Wow, du hast meine Aufmerksamkeit. Ich habe gewiss gerne für dich gearbeitet. Aber was würde ich mit meinem Klavier tun? " fragte Jan.

Karl erwiderte „Nun, unser Angebot wäre natürlich inklusive aller Umzugskosten, auch dein Klavier. Ich bin mir sicher, dass wir die Situation für dich sehr attraktiv machen können. Auch hier würdest du mehr Verantwortung und damit verbunden ein höheres Gehalt haben. Und, es ist eine neue Controller-Entwicklung. Du würdest dies von Anfang an programmieren. Es ist eine einzigartige Gelegenheit für dich, Jan. Übrigens, könntest du mir vielleicht sagen, welches Gehalt du derzeit beziehst? "

„Mein Jahresgehalt ist € 79.000, die Sozialleistungen beinhaltend" antwortete Jan.

„Das ist ein großartiger Lohn, aber ich denke, dass wir das aufbessern können", sagte Karl.

„Ich bin interessiert!", sagte Jan. „Könntest du mir per E-Mail eine kurze Beschreibung schicken, welches fortschrittliches Prozessleitsystem ihr zu entwickeln beabsichtigt?"

„Ja, kann ich sicher. Wann soll ich mich zurückmelden?" fragte Karl.

„Wie wäre Dienstag oder Mittwoch? Ein Jobwechsel wäre eine bedeutende Berufserfahrung in meinem Leben, zumal sie mich hier gut behandeln." sagte Jan.

„Ich verstehe", sagte Karl „Ich glaube aber, dass du deine individuellen Leistungsziele viel besser in dieser kleinen Firma erreichen kannst als in deiner jetzigen Firma. Das Unternehmen ist finanziell stabil und es wächst schnell "; und Karl fügte hinzu „Hab ein gutes Wochenende, Jan, und ich freue mich schon auf dieses Gespräch am nächsten Dienstag oder Mittwoch."

„Ich wünsche dir auch ein gutes Wochenende", erwiderte Jan und legte auf.

Damit wurde Karl wieder daran erinnert, dass ein Firmenprofil und vorläufige Marketingliteratur unbedingt notwendig sind; ob sie dazu dienen mit den Kunden zu reden, für die Zusammenstellung eines Angebots oder für ein Gespräch mit einem potenziellen Mitarbeiter. Es ist wichtig, dieses Material zu haben. Er hat Marketing-Informationen von der Konkurrenz. Dies könnte als Vorlage behilflich sein. Es muss lösungsorientiert sein, und natürlich ist es wichtig, dass sich die MICGEN Literatur von derjenigen der Konkurrenz durch die Betonung der grundlegenden Vorteile unseres neuen Systems unterscheidet.

Karl plante dies mit Tim Boschek und Monika Kambell nach seiner Präsentation zu besprechen. Das wäre wahrscheinlich ein guter Zeitpunkt, um die Dringlichkeit von lösungsorientierter Literatur deutlich zu machen. In der Zwischenzeit musste er etwas Überzeugendes für Jan zusammenstellen. Karl wollte auf keinen Fall, dass Jan aufgrund fehlender elementarer Informationen über das neue Produkt, besorgt oder misstrauisch wird.

Sonntagmorgen nach dem Frühstück, lehnte sich Karl zurück und dachte darüber nach was in der Broschüre stehen sollte, die er heute an Jan weiterleiten würde? Na ja, er sagte sich, es sollten wirklich die gleichen Informationen sein wie in der Broschüre für das Angebotspaket, oder die Informationen die er für jeden potenziellen Kunden präsentieren würde. Mit anderen Worten, wie kann er eine effektive Broschüre machen? Wie stellt er etwas zusammen, dass gelesen wird und worauf Jan oder ein Kunde positiv reagieren würden? ,Jedes verschickte Stück Literatur hinterlässt einen Eindruck bei unseren Interessenten', sagte Karl zu sich selbst, ,egal ob es sich um einen Kunden oder einen potenziellen Mitarbeiter handelt'. Hinterlässt er den falschen Eindruck mit seiner Broschüre, läuft er Gefahr, Jan zu verlieren oder in anderen Fällen einen Kunden zu enttäuschen. Die Verwendung der vorliegenden MICGEN Websiteinhalte, die hardware- und nicht lösungsorientiert sind, wären nicht praktisch, mit Ausnahme des Logos, der Adresse und eventuell dem Serviceabsatz. Also suchte Karl auf den Websites der wichtigsten Konkurrenten um ihren Ansatz zu erforschen, zwar nicht mit der Absicht deren Inhalt zu kopieren, sondern um zu sehen wie er seine Produkte und Lösungen am besten unterscheiden könnte. Er wusste, dass er einige grundlegende Literatur-Überlegungen in Betracht ziehen musste.

- **Den Kunden verstehen** - Er glaubt, dass er den Nischenmarkt des neuen Produktes sehr gut kennt. Damit ist er sich bewusst, warum das Produkt gekauft wird, was die entscheidenden Merkmale für seine Anwendung sind und was die wichtigsten Probleme sind, die das neue Produkt lösen kann.

- **Aufmerksamkeit** - Wie kann er den Interessenten, ob Jan oder den Kunden, wissbegierig machen, um die Broschüre zu lesen? Karl ist der Ansicht, dass ein treffendes Bild (Foto eines Prozesses) am besten dienen würde.

- **Nutzen für den Käufer** – Käufer interessieren sich nicht wirklich für unsere Produkte, ihr Geschäft ist ihr absolutes Interesse. Somit konzentrieren sie sich auf die Vorteile, die sie möglicherweise vom Produkt erhalten werden. Obwohl dies nicht Jan anbelangt, meint Karl, dass dies die Hauptbotschaft sein muss.

- **Schlagzeilen und Grafiken** - Er weiß, dass der durchschnittliche Leser nur wenige Sekunden auf die Titelseite einer Broschüre blickt und entscheidet, ob er es liest oder nicht. Ein Foto bezüglich der Prozessanwendung und eine Überschrift - Advanced Control – würde wahrscheinlich Aufmerksamkeit erregen.

- **Kundennutzen** - Anwenden von Kundennutzen Schlagzeilen in der Broschüre, um ihre Aufmerksamkeit zu gewinnen.

- **Aufzählungszeichen** - Verwendung von Bulletpoints, um die wichtigsten Funktionen zu benennen.

- **Einen Grund angeben, jetzt zu handeln** - Wenn er den Leser nicht zum sofortigen handeln drängt, wird sich der Leser auf die nächste Sache, die seine Aufmerksamkeit erregt, wechseln.

- **Das Risiko wegnehmen** - Er hat den Bericht über die herausragende Zuverlässigkeit des bestehenden Systems. Er wird dies hervorheben, aber der Leser möchte sicher mehr über das neue System wissen - eine Herausforderung.

Er überprüfte eine Reihe von Prospekt-Vorlagen für Designer im Internet und fand, dass sie überraschend professionell waren. Er dachte, wenn Monika und Tim es nicht professionell finden, können sie die Qualität später verbessern, aber im Moment braucht er etwas, das zumindest für Jan akzeptabel ist. Die Bilder die er bisher gefunden hatte, werden nicht ausreichend sein. Nach zeitraubender Suche im Internet fand er ein Foto einer Prozessplattform. Er fand auch ein gutes Kompressor Bild, das er überlagern könnte. Dann überblendete er eine Aufnahme des bestehenden Sicherheitssystems und das Ganze sah ziemlich gut aus, glaubte er.

Er entschied auch, einen Teil des MICGEN Slogans zu verwenden - Hohe Zuverlässigkeit - und veränderte dies zu HOHE ZUVERLÄSSIGKEIT KOMBINIERT MIT ADVANCED CONTROL- DIE LÖSUNG FÜR IHREN PROZESS. Der Inhalt der Broschüre-Inhalt war sehr unterschiedlich, aber das Layout und Format ähnelte den vorhandenen Broschüren und der Website, was Tim, Monika und vielleicht auch Martin ein angenehmes Gefühl geben würde. Immerhin hatte Martin ein Unternehmen aufgebaut, das einen guten Ruf für seine Produkte hat.

Es dauerte etwas länger, als erwartet, aber die E-Mail mit der beigefügten Broschüre war auf dem Weg zu Jan. Und am Abend hatte Karl schon Jans Antwort. „Sieht aus als hättest du bereits das perfekte System. Werde ich noch benötigt (nur ein Scherz)? - Broschüre sieht gut aus! Spreche mit dir Dienstag oder Mittwoch. Jan."

Am Montagmorgen schaute Martin in Karls Büro vorbei „Hey, guten Morgen. Glück gehabt mit der Kontaktaufnahme des ‚Wunderkind' Programmierers?"

„Auch guten Morgen. Ja, ich habe Jan Bettin erreicht. Seine erste Sorge war der Versand seines Klaviers. Nein im Ernst, Jan ist interessiert. Er will etwas Zeit, um darüber nachzudenken. Ich musste ihm eine Marketingbroschüre über unser neues System senden. Wir sollen ihn Dienstag oder Mittwoch anrufen. Sein gegenwärtiges Jahresgehalt ist € 79.000. Ich sagte ihm, dass wir ein attraktives Angebot machen können."

„Na, großartig. Das ist aber ein hohes Gehalt, unter der Annahme, dass wir einen gewissen Prozentsatz hinzufügen müssen.", sagte Martin.

„Ja, er verdient gut. Ich weiß nicht, was du unseren Jungs bezahlst, aber nach den Statistiken liegt das durchschnittliche Gehalt für Programmierer in der EU ungefähr bei € 76.000 pro Jahr. Ich denke, wir müssten €89.000 bieten und ich würde sagen, dass Jan dies auf jeden Fall wert ist." sagte Karl und fügte hinzu, „und lass uns nicht die Lieferkosten des Klaviers vergessen. Hat unser Unternehmen eine Umzug Versicherung?"

„Nein, hat Jan andere Haushaltswaren, Möbel, etc., die transportiert werden müssen? Sollen wir auch für die Neuabstimmung seines Klaviers bezahlen? " fragte Martin halb im Scherz.

„Soweit ich weiß, lebt er in einer möblierten Wohnung, also wahrscheinlich wird alles, was er hat, in sein Auto passen. Ich werde ihn aber fragen um sicher zu sein " antwortete Karl.

„Glaubst du, dass wir sein Gehalt verhandeln können?" fragte Martin.

„Na ja" antwortete Karl, ein bisschen verärgert „es gibt wohl Alternativen zur Einstellung von Jan, aber wie ich es sehe, unser Software-Team ist derzeit mit bestehenden Produkt Aufgaben beschäftigt und ich kenne keinen anderen Software-Ingenieur, als Jan, den wir einstellen könnten, um das neue Produkt anzufangen. Hast du jemand anderen im Sinn?"

„Nein, habe ich nicht. Lass uns mit Jan weiter machen", sagte Martin.

„Hoffentlich ändert er nicht seine Meinung in den nächsten paar Tagen. Ich werde ihn am Dienstag anrufen und ihm die € 89.000 anbieten. Ist das OK? " fragte Karl.

„Ja, nur zu", antwortete Martin "Und wenn alles gut geht, können wir dies vielleicht noch in dieser Woche abschließen."

Und er setzte fort „hast du gesagt, dass du Jan von unseren neuen System eine Marketing Broschüre gesandt hast? Welche Broschüre hast du denn benutzt?"

„Da wir noch nichts haben, hatte ich keine andere Wahl, als am Samstag eine neue Broschüre zusammenzustellen. Sie wurde nur an Jan geschickt, keine Sorge ", sagte Karl.

„Kannst du mir bitte eine Kopie dieser neuen Broschüre senden?", fragte Martin.

„Sicher, wird umgehend per E-Mail zugeschickt", antwortete Karl und fügte hinzu „Ich hatte vor, bis nach der Präsentation, am Mittwoch, zu warten, was wahrscheinlich die Dringlichkeit für Vertriebs- und Anwendungs- Literatur unterstreichen wird, bevor ich die Broschüre Tim oder Monika zeige. Ich möchte nicht den Eindruck erwecken, dass ich die Marketingaufgaben übernehme."

„Ich werde die Broschüre nicht verteilen ", sagte Martin und ging in sein Büro zurück.

Karl nahm die Arbeit an seinem Application Guide für Advanced Process Control wieder auf. Er wusste, dass es Wochen dauern würde um ein solches Dokument zu vervollständigen und war entschlossen, jede ‚freie Minute' zu verwenden, um Fortschritte zu machen. Seiner Meinung nach war dies nicht nur der beste Weg, um die Software-Funktionalität zu erklären, es könnte auch als ‚Glaubwürdigkeit Dokument' für ein Angebot dienen - wie das Angebot für das Sicherheits- und Steuersystem der Offshore-Produktionsplattform in der Nordsee.

Und mit diesem Gedanken, betrat er Tims Büro, um zu fragen, ob er eine Kopie des Prozessdiagramms haben kann. Da Tim nicht in seinem Büro war, ging er zu Martins Büro und fragte „Martin hast du eine Kopie der Kundenanlage, ich meine die Darstellung des Verfahrensprozesses?"

Martin blickte, mit einem Grinsen auf seinem Gesicht, auf und sagte „Hey, ich wusste nicht, dass du ein Experte in der Herstellung von Marketing-Literatur bist, das sieht professionell aus - auch sehr beeindruckend aus der Inhalts Perspektive."

„Nun, Monika oder Tim denken vielleicht nicht so, ich bin sicher, dass sie die Darstellung verbessern können." sagte Karl und wiederholte „Ich habe versucht, eine Kopie dieses Prozessdiagramms zu erhalten, Tim ist nicht hier; hast du zufällig ein Duplikat dieser Zeichnung?"

„Ja habe ich. Hier ist das RFQ-Paket. Bediene dich einfach. Nimm die Dokumentation, die du brauchst, und sag Monika, dass du Kopien machst ", sagte Martin.

Als er den Ausschreibungstext sah, realisierte Karl, dass das Projekt fast identisch mit dem Job war, an dem er bei SONARES gearbeitet hatte. Das war unglaublich! Er war der leitende Ingenieur für das-Prozessleitsystem in diesem Projekt, und die Herausforderungen waren ihm noch gegenwärtig, auch die Schwierigkeiten, die sie bei dem Aufsichtssteuerungskonzept (Leitrechner Entwurf) mit einem Minicomputer hatten. Außerdem erinnerte er sich noch an die Preisgestaltungen für das Safety System, Fire & Gas, DCS und TMC-System, getrennte Systeme, die vielen Integrationsschwierigkeiten, was zu Kosten- und Zeitüberschreitungen führte.

Karl war ganz aufgeregt. Dies war ein unerwarteter Durchbruch für ihn und es ermöglichte ihm wieder weiter an seinem Application Guide zu arbeiten. Anstatt die RFQ-Dokumente analysieren zu müssen und den ganzen Tag für die Vorbereitung der Präsentation zu verbringen, konnte er sofort eine Einführung schreiben und sogar eine Illustration der PPT Systemübersicht einbeziehen.

**Projektvorschlag
für das AROBCO Esmix Sicherheits- und
Prozessleitsystem:**

MICGEN ist bekannt als einer der Marktführer auf dem Gebiet der High-Integrity-Automatisierungssysteme, und hat mehrere Systeme für Gasanlagen, Raffinerien, petrochemische Anlagen, Offshore-Produktionsanlagen und ähnliche Projekte entworfen und gebaut.

MICGEN bietet das MICWIZ System an, eine dreifach-modulare-redundante (TMR) Architektur. Mit ihr können wir eine gemeinsame Hardware/Engineering-Plattform-System für das Sicherheitssystem (ESD), Kontrolle &

Schutz von Turbomaschinen (TMC), das Feuer und Gas-System (F & G) und das Prozessleitsystem (PLS) liefern. Die TMR-basierte Lösung bietet höchste Verfügbarkeit und adressiert Zukunftsthemen wie SIL / TÜV-Zertifizierung.

MICGEN ist in der Lage, die Verantwortung für das gesamte AROBCO Esmix System zu übernehmen - ESD, TMC, F & G und PLS; einschließlich Gerätespezifikationen, Projektmanagement, Systemdesign und Produktion, Prüfung, Inbetriebnahme und Schulung.

MICGENs Personal hat Erfahrung bei der Gestaltung fortschrittlicher und zuverlässiger Systeme auf Basis individueller Kundenanforderungen. Wir bieten einen umfassenden kundenorientierten Vor-Ort-Service an, um die reibungslose Übergabe des Systems von der Fertigung bis zum Betrieb sicherzustellen.

MICGEN erkennt an, dass Anwendungsflexibilität der Schlüssel für den Erfolg dieser Art von Produktionsplattform ist. Unser MICWIZ System enthält einen patentierten Advanced Control Wizard (ACW), der die Kompression-Wechselwirkungen minimiert, und daher einen reibungslosen und sicheren Betrieb unter allen Betriebsbedingungen gewährleistet.

Das MICWIZ-Control-System im Überblick:
Das vorgeschlagene System wird sowohl die Emergency Shutdown, Kompressor und Prozessregelung durchführen. Das TMC-System wird aus der gleichen Hardware-Basis wie die ESD, F & G und die PLS-Systeme bestehen. Ergebnis: Eine gemeinsame hohe Zuverlässigkeits-Systemplattform und Architektur für die ganze AROBCO Esmix Produktionsplattform.

PPT Übersicht Abbildung hier einfügen.

Dienstagmorgen sah Karl bei der Kaffee-Ecke Peter, der ihn sofort begrüßte „Hallo Karl, ich hörte dass Sie morgen am Vormittag eine Präsentation geben. Haben Sie etwas dagegen, wenn ich mich dazu setze?"

„Natürlich nicht, ich wollte Sie morgen früh sowieso einladen", sagte Karl.

„Kurt ist auch interessiert", sagte Peter. „Ich werde ihn sicher auch einladen" sagte Karl und betonte, „es geht um eine potenzielle Prozessleitsystem Offerte für eine Produktionsplattform; hoffe, dass es nicht zu langweilig für euch wird. Bisher hat Martin mir nicht gesagt, zu welchem Zeitpunkt ich anfangen soll."

„Tim sagte die Präsentation wird um 10:00 Uhr sein", antwortete Peter.

„Danke, jetzt weiß auch ich den Zeitpunkt", sagte Karl und fuhr fort; „Wie auch immer, was machen Sie denn so früh im Büro, Peter, weitere Debugging Aufgaben? Ich schätze Ihren Einsatz."

Peter antwortete selbstgefällig „Ich bin schon eine Weile hier. Nein, diesmal geht es nicht um das Debugging." Ich mache gute Fortschritte mit der Softwareroutine „Vor-Autorisierung" und wollte dies einfach nur fertig haben, so dass ich den Test am Montag starten kann. "

„Super, lassen Sie sich nicht aufhalten", sagte Karl und dachte sich „mit dieser Art von Menschen können wir unsere neue Systementwicklung terminlich realisieren. Es ist nicht einmal 7.00 Uhr und er war schon eine Weile hier."

Und Karl kehrte zu seiner Arbeit am Application Guide zurück. Er hatte Schwierigkeiten sich zu konzentrieren, und stellte sich die Frage ob er Jan Bettin jetzt anrufen oder bis zum Abend warten soll. Auch wenn er begann sich wohler mit seinem Team vor Ort zu fühlen, vor allem mit Peter, hing so viel von der Einstellung des zusätzlichen Software-Ingenieurs ab. Die Einstellung der richtigen Leute ist von entscheidender Wichtigkeit für jedes Unternehmen, und das ist vor allem der Fall für ein kleines Unternehmen wie MICGEN, mit relativ wenigen Mitarbeitern. Karl brauchte Jan unbedingt für seine neue Produkt Entwicklung, weil er wusste, dass er erstklassig ist. Er war besorgt, dass er zu energisch versuchte, Jan von MICGEN zu überzeugen. Jan dachte vielleicht, dass er verzweifelt ist. So beschloss er bis zum Abend zu warten, um mit Jan zu telefonieren.

Er hatte keine Lust sein Abendessen zu Hause zuzubereiten und ging ins Restaurant. Er kam wieder spät nach Hause. Um 21:50 Uhr rief er Jan an. „Hallo Jan."

„Hallo Karl. Ich habe auf deinen Anruf gewartet ", antwortete Jan.

„Großartig, ich hoffe, dass du deine Meinung nicht geändert hast", sagte Karl.

„Nein, je mehr ich darüber nachdachte, desto mehr hat mir die Idee gefallen, in der Anfangsphase der Entwicklung eines neuen Controllers beteiligt zu sein. Ich ging durch deine Literatur und glaube, dass du ein fantastisches Regler-Modul definiert hast. Ich verbrachte das Wochenende auf dem Bauernhof meiner Eltern, und sie sind sehr besorgt; aber ich sagte ihnen, dass ich früher oder später weiterziehen muss. Sie scheinen zu verstehen. Also, auf der Grundlage dessen, was wir am Samstag gesprochen haben, bin ich bereit für den Umzug, vorausgesetzt, dass du ein vernünftiges Angebot für mich hast."

„Ich habe eine sehr gute Offerte", sagte Karl. „Ich habe die Situation hier mit Martin Egger, unserem Unternehmensleiter, diskutiert und kann dir ein Gehalt in Höhe von € 89.000 anbieten. Deine Position wird Software-Ingenieur sein. Du würdest direkt für mich arbeiten, und natürlich zahlen wir für den Transport deines Klaviers."

„Super, ich nehme es an. Ich bin begeistert in deinem Team mitzuarbeiten", bestätigte Jan.

„Das ist großartig! Also, wenn das eine verbindliche mündliche Zusage ist, werden wir umgehend das formelle Angebot via Post an deine Hausadresse schicken. Eine Beschreibung des Sozialleistungs-Pakets ist inbegriffen", sagte Karl und fuhr fort „Wann würde dein Arbeitsbeginn sein?"

„Ich muss mindestens zwei Wochen Kündigungszeit haben und es könnte eine Woche länger dauern um das Programm, das ich derzeit bearbeite, zum Abschluss zu bringen. Ich will die Firma nicht in einer schwierigen Situation verlassen", antwortete Jan.

„Ich verstehe, aber bitte verlängere es nicht", erwiderte Karl.

„Keine Sorge, du kannst dich auf mich verlassen. Ich werde die Aufgaben hier innerhalb der zwei Wochen sehr wahrscheinlich beenden", sagte Jan.

„Ah, bevor ich es vergesse, hast du andere persönliche Gegenstände, außer dem Klavier, mit denen du umziehen musst?", fragte Karl.

„Nein, ich lebe hier in einer möblierten Wohnung, und ich kann alles, was ich habe in meinem Auto mitnehmen."

„OK, wir werden uns für eine Wohnung für dich hier umsehen. Ja, und eine andere Sache, bitte unterschreibe den Vertrag innerhalb weniger Tagen nach Erhalt. Ich würde ich es begrüßen, wenn du mir auch eine E-Mail Bestätigung schicken kannst," sagte Karl.

Jan erwähnte auch, dass er seinen eigenen PC hat und dass Karl für ihn keinen zu beschaffen braucht. Karl und Jan plauderten dann weitere fünf Minuten über ihre Job-Erfahrungen. Beide waren entspannt und fühlten, dass sie viel erreicht hatten. Die Einstellung von Jan war ein wichtiger Meilenstein für den Beginn der Software-Entwicklung des neuen Systems. Karl informierte Martin am nächsten Tag und brachte zum Ausdruck, dass dies seiner Meinung nach die Erstellung des Angebotes für das große Produktionsplattform System realistischer machen wird.

Kurz vor 10.00 Uhr ging Karl mit seinem Computer, Kopien des Angebots und der Seite über Literatur Ideen in der Hand, in den Konferenzraum. Er hatte sechs PowerPoint-Folien vorbereitet: eine Systemübersicht, ein Prozessablaufdiagramm und vier Folien aus der MICWIZ Broschüre. Tim, Monika, Kurt und Peter trafen innerhalb von ein paar Minuten ein und Martin zeigte sich auch kurz danach. Karl begann mit der Folie „Systemübersicht". Jeder lehnte sich nach vorne, was eine gewisse Überraschung anzeigte. „Hallo alle, das ist das System, das wir wahrscheinlich für das AROBCO Esmix Projekt vorschlagen werden; das heißt, wenn Martin sich entscheidet, dass wir ein Angebot unterbreiten." Er schaute auf Martin, und sagte „Martin sagte, dass er eine Entscheidung in den nächsten zwei Wochen treffen wird. Und das hier ist mein Vorschlag für das ‚Motivationsschreiben' unseres Angebotes." Karl übergab jedem eine Kopie des Schreibens, das er vorbereitet hatte und sagte, „während ihr dies lest soll ich euch sagen, dass ich vor drei Jahren auf einem nahezu identischen Projekt gearbeitet habe. Das ist der Grund, warum ich in der Lage war, ein paar PPT Folien und den kurzen Bericht zu produzieren."

Tim war der erste, der aufblickte, nachdem er das Schreiben las, er lächelte und sagte „Karl, ich glaube, wir haben diesen Job in unserer Tasche. Wer in AROBCO würde ein solches Superangebot ablehnen?", fügte er scherzhaft hinzu.

Martin unterbrach um Karl zu retten und sagte „Karl dies ist hervorragend, eine detaillierte Darstellung unseres zukünftigen Systems für die jeweilige Anwendung und das ist ein sehr gutes Angebotsschreiben."

„Warte", sagte Kurt, noch auf die PowerPoint-Folien fokussiert, „was ist das für ein Gerät das an unseren Controller angeschlossenen ist?" „Es ist das Bently Nevada Überwachungssystem, eine Drittanbieter-Produkt", antwortete Karl.

„Ja", sagte Peter zu Kurt: „Wir haben mit diesem System schon mehrmals eine Schnittstelle realisiert."

„Lassen Sie mich durch die Systemübersicht gehen und dann sehen wir uns die nächste Folie an, das Prozess- Flussdiagramm", sagte Karl.

Er fing an zu erklären: „Die Überschrift auf dem Systemübersichtsdia heißt:

MICGEN Integriertes System – Gemeinsame TMR-Plattform für AROBCO Esmix - PCS, ESD, TMC, F & G."

Dann schwieg Karl für einen Moment und sah Tim an. „Dies fordert der Kunde, nicht wahr Tim, eine integrierte Lösung auf einer TMR-Plattform", sagte Karl.

„Ja. Das stimmt" antwortete Tim. Dann drehte Karl seinen Kopf zu Kurt und sagte „Kurt, für mein Verständnis bezüglich ihrer Unterlagen ist dies was wir für unser neues System planen, unabhängig davon, ob wir das AROBCO Esmix Projekt betrachten oder nicht." „Stimmt, Karl", antwortete Kurt.

Karl beschrieb dann die Funktionen der einzelnen MICWIZ Module.

Im Anschluss an die Beschreibung der Folie „Systemübersicht" stellt Karl das Verfahrensflussdiagramm der AROBCO Esmix Produktionsplattform dar. Er sagte „Ich habe dieses Diagramm so viele Male während meiner früheren Projektarbeit gesehen, wie ich erwähnte, dass ich es fast im Schlaf erklären kann." Er erklärte dann den Prozess unter allgemeinen Bedingungen. Er betonte, dass der Kompressionsteil eine Schlüsselrolle in diesem Prozess spielte und visualisierte, dass die zukünftige Softwareentwicklung MICGENs, unter anderem die automatische Konfiguration für Turbomaschinen-Anwendungen beinhalten würde. Er wollte nicht mehr als ein paar Minuten mit der Prozessbeschreibung verbringen, weil er wusste, dass bei diesem Treffen alle, mit Ausnahme von Martin, nicht viel Nutzen aus einer detaillierten Erklärung haben würden.

„Einen wichtigen Punkt muss ich meiner Präsentation hinzuzufügen", sagte Karl „Es geht um Literatur (Broschüre, Flyer, usw). Ob wir ein Angebot, wie das für AROBCO Esmix, zusammenstellen, oder mit Kunden sprechen, wir werden Broschüren für unser neues Produkt benötigen. Das gedruckte Wort kann überzeugen und uns helfen, unsere Botschaft zu kommunizieren, vor allem in unserer Situation, wo das neue Produkt noch nicht besteht." Karl zeigte an diesem Punkt die Folie „MICWIZ Broschüre" und sagte „Mit der zunehmenden Verfügbarkeit von leistungsfähigen Desktop-Publishing-Systemen sind wir in der Lage, diesen Bedürfnissen, zumindest vorläufig, intern gerecht zu werden. Ich bereitete diese vierseitige Broschüre letzten Sonntag vor."

Und er fuhr fort „aber ich muss hinzufügen, dass ich Schwierigkeiten hatte, hochwertige Fotos On-Line zu finden und daher sieht die Titelseite, meiner Meinung nach, nicht so professionell aus, wie sie es sein sollte. Auch in diesem Fall hatte ich kein Produktbild, so dass das Hintergrundfoto vielleicht keine Rolle spielt." Karl fuhr fort „Also vielleicht sollten wir einige Abschnitte in der Broschüre nicht selbst anfertigen. Ich bin sicher kein Experte auf diesem Gebiet. Aber die Qualität einer Broschüre ist das A & O im Marketing, und auch wir müssen uns professionell darstellen. Bis wir das reale Produkt und scharfe Fotos von ihm haben, können wir vielleicht die Lücke mit möglichen Modellen überbrücken."

Tim hob seine Hand und sagte „Karl Sie untertreiben sich, die Broschüre sieht gut aus. Ich muss Sie darauf hinweisen, dass wir hier kaum Broschüren anfertigen. Wir benutzen noch die Broschüren des vorherigen Inhabers. Ja, wir ändern das Logo und die Adresse, aber das ist alles." „Was macht ihr denn bezüglich der Website?", fragte Karl „Eine Webseiten-Firma erstellte sie. Es war nicht so teuer, und jetzt warten wir sie selbst ", sagte Tim. Monika fügte hinzu „Ich nahm an einem Online-Kurs teil, und es ist nicht schwierig, unsere Seite aktuell zu halten. Aber jetzt mit dem neuen Produkt werden wir gute Fotos benötigen, genau das, was Sie in Bezug auf Broschüren erwähnt haben."

„Was wir für das neue Produkt an Dokumentation, Broschüren, Flyer, usw. brauchen wird eine echte Herausforderung sein, zumal wir es fast schon jetzt benötigen", sagte Martin. Er fügte hinzu „Einiges davon müssen wir wahrscheinlich in-house tun, allein schon wegen unseren Anforderungen an den Zeitplan. Unsere gegenwärtige Dokumentation deckt die technischen Aspekte unseres bestehenden Produkts ab und ist total Hardware-orientiert, und zusätzlich fehlen die Marketingaspekte. Angesichts des Umfangs unserer Literaturaufgabe - aktualisiertes Firmenprofil, Produktdatenblätter, Anwenderhandbuch, PowerPoint-Präsentationen, Website aktualisieren und später Anwendungsbeispiele, Whitepapers und vieles mehr, sollten wir dies gesondert diskutieren. Aber jetzt muss ich einen Anruf tätigen, Karl und Tim können wir uns in meinem Büro treffen, in etwa zehn Minuten?"

„Gut, dann möchte ich euch für eure Aufmerksamkeit danken, das ist alles, was ich zu diesem Zeitpunkt über die AROBCO Esmix Produktionsplattform habe", sagte Karl. Jeder, mit Ausnahme Martin, lief zur Kaffee-Ecke, wo die Gespräche über AROBCO Esmix weiter gingen.

Kurt sagte „Das war beeindruckend Karl, wann ist der Termin für die Abgabe des Angebots?".

Karl antwortete „Tim kennt die Details. Tim wie sind die Zeitpläne für diesen Job?"

„Nun, das Angebot muss in vier Wochen fertig sein. Das Gute an dem Projekt ist, dass die Lieferung der Waren erst in etwa zwei Jahren sein würde", antwortete Tim.

Peter sagte darauf mit Humor „Nun, das gibt uns zumindest Möglichkeiten, von dem was wir machen sollen abzuweichen und verrückte Alternativen zu erforschen."

„Seien Sie ernst, Peter", sagte Kurt und fügte hinzu „im Zeitraum von etwa vier Monaten könnten wir mit einem MICWIZ Prototyp herauskommen."

„Wirklich?", sagte Karl „Sie meinen, mit einer leicht modifizierten bestehenden Software?"

„Ja, Karl", antwortete Kurt.

„Lasst uns diesbezüglich zusammen kommen – Sie Kurt, Peter und ich, morgen früh", sagte Karl.

Kurt und Peter begannen Anpassungsnotwendigkeiten des bestehenden Produktes zu diskutieren und Tim und Karl gingen zu Martins Büro.

Martin legte gerade das Telefon auf, als Karl und Tim in seinem Büro ankamen. Er fuhr mit der rechten Hand am Rande seines Tisches hin und her, offenbar versuchte er seine Worte zu finden. „Nun, wir haben eine Menge von Herausforderungen - das große Sicherheitssystem-Projekt wird fast jedermanns Zeit binden und ehrlich gesagt ich weiß nicht, wie wir eine solche Aufgabe, wie die neuen Broschüren, in kurzer Zeit erledigen können; und ich begreife, dass es sich um eine echte Herausforderung handelt."

„Ja, und die jetzt benötigte Broschüre dient als Definition für unser neues Produkt und auch als Mittel für die Glaubwürdigkeit unserer Angebote", sagte Karl.

„Ja ich weiß. Es ist ein wichtiger Faktor für eine erfolgreiche Produktentwicklung", antwortete Martin.

Karl fügte hinzu „Es gibt keine andere Möglichkeit, für die nächsten Wochen als sich auf die Broschüre zu konzentrieren; Ich kann einiges davon am Abend tun, aber in Bezug auf die Verwendung dieser Broschüre für Marketing- und Vertriebs-Zwecke, können wir möglicherweise Qualitätsprobleme im Erscheinungsbild haben. Würde Monika in der Lage sein, mir mit Fotos und Illustrationen zu helfen?"

„Ja ", sagte Tim. „das wollte ich auch vorschlagen; Monika könnte Sie unterstützen, auch wenn sie die technischen und inhaltlichen Fragen vielleicht nicht versteht, aber sie ist sehr gut,

wenn es um Verbesserung der Darstellung und des Layouts geht"
und Tim fügte hinzu „Da ich ab morgen wieder im Ausland
unterwegs bin, kann ich nichts zu diesem Thema beitragen.
Übrigens, hätten Sie etwas dagegen, wenn ich Ihre Broschüre
benutze, Karl? Ich kann sie heute Nachmittag bei FedEx drucken
lassen und mitnehmen."

„Kein Problem, das ist ihnen völlig überlassen" antwortete Karl.

Martin schloss, „OK Jungs, vielleicht können wir dies alles, trotz
unserer gegenwärtigen Überlastung, durchziehen, danke."

Im Laufe der nächsten Wochen

Für die nächsten Wochen sah die Arbeitsplatzumgebung bei
MICGEN so aus, was man als ‚kontrolliertes Chaos' definieren
könnte – es war einfach zu viel mit zu wenig Zeit zu tun. Dieses
Problem wurde im Wesentlichen durch das CAISTOS
Sicherheitssystem-Projekt verursacht, ein Job, der fast doppelt so
groß war wie MICGENs jährlicher Umsatz. Dinge wie
unrealistische Fristen und zunehmend erhöhte Erwartungen waren
häufige Ursachen von ungeordnetem Multitasking, Unsicherheit
und Unterbrechungen während der Arbeit. Während es nicht viel
Einfluss auf Karl hatte, weil die vielen Überstunden, die er
bezüglich Broschüren und Konfigurationen verbrachte, Aufgaben
waren, die er sich selbst definieren konnte; einige andere Leute
hatten Probleme mit den langen Stunden des Chaos am Arbeitsplatz,
einschließlich des Projekt-Managers, Johann Kramo. Die
Schwierigkeiten bei dem Versuch, die Anforderungen der Kunden
und Vorgesetzten mit den Bedürfnissen der Untergebenen
abzustimmen hatte eine Menge Stress produziert, und deswegen

landete Johann im Krankenhaus. Glücklicherweise konnte Martin einen pensionierten Freund überzeugen, vorübergehend auszuhelfen und die Projekt- und Produktionspläne wurden dadurch nicht beeinflusst.

Während der letzten zwei Wochen, von dem Zeitpunkt seiner Zusage bis zu seinem Start bei MICGEN, hatte Jan Bettin mehrere abendliche Telefongespräche mit Karl. Er hatte bereits das grobe MICWIZ Controller-Konfigurationsschema, basierend auf Karls Definitionsdetails, entwickelt. Obwohl Karl betonte, dass seine Beschreibung vorläufig war, konnte Jan die Software-Anforderungen erfassen. Karl war begeistert und als die Zeit kam, um Jan im Büro zu begrüßen, stellte er sicher, dass sich Jan gut und unterstützt fühlte. Der Willkommensablauf bestand in einer Office-Tour, Einführungen in das Entwicklungsteam, den doppelten Schreibtisch, den Jan wollte, und eine Erklärung zu den Wohnmöglichkeiten durch Martins Sekretärin, Ella – all dies am ersten Tag. In den ersten paar Tagen bekam Jan auch Informationen über die bestehenden Produkte und Dienstleistungen, MICGENs Kunden-Service-Philosophie und über die großen CAISTOS Projektarbeiten, mit denen fast alle beschäftigt waren.

Kapitel 3 – DER PROCESS CONTROL WIZZARD

Während er an dem Application Guide (definieren der Steuerfunktionen und wie sie auf die verschiedenen Prozesse wirken) arbeitete, konnte Karl seine Gedanken nicht von den Herausforderungen ablenken, die er bei der CAISTOS Produktionsplattform Prozessregelung erlebt hatte. Ein Prozess der fast identisch mit AROBCO Esmix war. Er war bei Automatisierungslösungen auf allen Ebenen dieses Prozesses beteiligt, was ihm viel Erfahrung brachte. Er war in der Lage, die fortgeschrittene Prozesssteuerung zu implementieren und es war insgesamt ein erfolgreiches Projekt. Aber er war frustriert, weil er nicht in der Lage war, die multivariable, vorhersagende Modelregelung, welche der Steuersystemanbieter speziell gemäß seiner Definition vorgesehen hatte, anzuwenden. Er war davon überzeugt, dass dies nicht nur die Herausforderungen der Betreiber erleichtert hätte, sondern auch zur Verringerung der Prozessstörungen geführt hätte. Aufgrund des großen Unternehmensumfelds und der Politik in diesem Job, war er machtlos, seine Ideen in vollem Umfang anzuwenden.

Je mehr er über diese verlorene Gelegenheit nachdachte, desto entschlossener würde Karl das AROBCO-Esmix-Projekt verfolgen. Martin davon zu überzeugen ein Projektangebot abzugeben, war der erste Schritt. Mit dem großen Sicherheitssystemsauftrag zurzeit im Haus, war das Unternehmen bereits überfordert. Ohne das neue Produkt und ohne Installationsreferenz konnte er nur sein Prozess-Know-how und seine hervorragende Beziehung zu dem Kunden der CAISTOS Produktionsplattform hervorheben. Er würde Hank Sandover, den Betriebsaufseher von CAISTOS, den er persönlich kannte, anrufen, um zu klären ob die Prozessregelung gut funktioniere, und um herauszufinden, ob er etwas über das Upgrade Projekt von AROBCO Esmix, wüsste.

Karl nahm die Prozessablaufdiagramme mit nach Hause. Er brauchte nicht allzu viel Zeit für die Kontrollmethoden aufwenden; denn er erinnerte sich noch gut an die Umsetzung der meisten Regelkreise. Wegen der sieben Stunden Zeitunterschied, rief Karl Hank früh am nächsten Morgen an, der den Hörer auf das erste Läuten abhob. „Hello, Sandover hier", sagte er. „Hank, dies ist Karl Winkler, wie geht es Ihnen" antwortete Karl.

„Toll, von Ihnen zu hören. Ich sehe einen 001-Code. Rufen Sie von Amerika an? Was kann ich für Sie tun?"

„Ja, ich rufe aus Houston an. Wie funktioniert denn die Separator Druckregelung? Haben Sie die Stufen-Steuerventile installiert? Ich bin mit dem Regelsystem der AROBCO Esmix Plattform beschäftigt."

„Wirklich - Ich verstehe, dass sie eine Kompressionsstufe hinzufügen und das ganze Prozessleitsystem erneuern. Uwe Villaloberg, Ihr Freund, verließ uns, um für AROBCO zu arbeiten; Rufen Sie ihn doch an, er wird sich freuen, von Ihnen zu hören. Hier ist seine neue Nummer, xxx xxxxxx. Ja, wir haben die Stufenventile installiert und es funktioniert besser. Aber, seit Sie nicht mehr hier sind, haben wir niemand, der sich unsere Empfehlungen anhört."

„Ich werde Uwe anrufen, danke für den Rat", sagte Karl. „Sie sind herzlich willkommen", antwortete Hank.

Karl war begeistert; das war fast zu gut, um wahr zu sein, Uwe wieder als potenziellen Kunden zu haben, wie es vor zwei Jahren der Fall war.

Karl rief Uwe sofort an. „Hallo Uwe, hier ist Karl Winkler; Ich habe Ihre neue Nummer von Hank erhalten."

„Nun, hallo Karl. Was für eine Überraschung. Was tut sich bei Ihnen? ", fragte Uwe.

„Mir geht es großartig. Ich habe vor kurzem meinen Arbeitsplatz gewechselt, ich bin nicht mehr bei SONARES. Ich bin jetzt bei MICGEN Controls und in diesem Augenblick sehe ich mir das AROBCO Esmix Prozessflussdiagramm an."

„Das kann nicht wahr sein, vielleicht werden wir wieder zusammenarbeiten; Ich würde mich wirklich darüber freuen. Wir haben Ihre Sicherheitssysteme, sie scheinen zuverlässig zu sein. Ich bin neu hier, ich bin also noch nicht sehr mit den Dingen vertraut. Karl, ich bin zu einem Meeting spät dran. Können Sie mich bitte zu Hause anrufen? Haben Sie noch meine Nummer? ", fragte Uwe.

„Ja; wir können uns später sprechen. Ich wünsche Ihnen eine erfolgreiche Besprechung ", antwortete Karl.

Karl ging sofort zu Martins Büro. Martin hatte einen angespannten Gesichtsausdruck. Karl sagte: „Es tut mir leid, dich zu stören Martin, ich wollte dich nur wissen lassen, dass wir wahrscheinlich eine realistische Chance mit dem AROBCO Esmix Angebot haben. Ich sprach gerade mit einem ehemaligen Kollegen, er arbeitet jetzt für AROBCO. Ich werde mit ihm später noch einmal sprechen. Falls AROBCO das TMR Konzept wirklich vorzieht, werden wir ein Angebot machen?".

„Ja, wir sollten ein Angebot zusammenstellen, aber in Anbetracht unserer Arbeitsbelastung zurzeit, weiß ich nicht, ob dies möglich ist. Könntest du den größten Teil der Angebotsarbeit leisten?" antwortete Martin.

„Ja, ich glaube dass ich mich mit unserem Angebots-Format hinreichend schnell vertraut machen kann und in Bezug auf den technischen Teil weiß ich, was im Angebot stehen soll. Ich brauche aber von dir den Beitrag über die Preisgestaltung", sagte Karl.

„OK, hört sich gut an", sagte Martin.

Karl rief Uwe Villaloberg während der Mittagszeit an. Es war 18.00 Uhr für Uwe. Er begann „Hallo Uwe, ich hoffe Ihr Meeting ist gut gelaufen." Uwe sagte „Hallo Karl, ja kein Problem. Ich kann immer noch nicht glauben, dass Sie an der Modernisierung unserer Esmix Produktionsplattform arbeiten."

„Nun, wir arbeiten noch nicht daran, ich schaue mir nur die RFQ-Dokumente an. Wir erweitern unser System, um die Prozessregelung einzubeziehen, und da wir eine Installation des Sicherheitssystems auf der Esmix haben, beabsichtigen wir, eine Angebot zu unterbreiten" antwortete Karl und sagte weiter „Ihr seht uns wohl eher als Lieferant von Sicherheitssystemen. Glauben Sie, dass Ihre Leute unseren Vorschlag für eine Komplettlösung – Sicherheits- und Regelungssystem - ernsthaft in Erwägung ziehen würden? "

„Nach meiner Besprechung habe ich hier herumgefragt; Ich muss mich erst noch hier zurecht finden, da ich noch neu bin. Wie auch immer, sie haben viele Probleme mit dem derzeitigen DCS und wollen eine TMR-Architektur sowohl für das neue Sicherheitssystem als auch dem DCS. So, es scheint also, dass Sie eine Chance hier haben" sagte Uwe und fuhr fort…

„Ich weiß nicht, ob es aus den RFQ Zeichnungen ersichtlich ist, aber wir werden einen Kompressor hinzufügen. Also, sprechen wir von einem Anlagen-Start-up mit dem neuen System in etwa zwei Jahren, wenn es mit der Kompressor Lieferung zeitgemäß klappt."

„Na ja, das würde uns genügend Zeit geben, um unsere neuen Prozesssteuerungsfunktionen zu implementieren und zu testen", sagte Karl.

„Apropos Regelung", sagte Uwe und fragte, „hätten Sie eine Minute Zeit, um über die Komprimierung und Separator-Anlagen zu sprechen?"

„Klar", sagte Karl, „sprechen Sie bitte weiter."

„Nun, wir scheinen ein schwierigeres Problem hier mit unseren Separator Störungen zu haben, als wir bei CAISTOS hatten. Ich wurde gebeten, dies zu prüfen. Ich werde verlangen, dass die Stufenventile hinzugefügt werden, da dies bei CAISTOS geholfen hatte, aber es gibt noch Interferenzprobleme durch die dynamischen Prozesse, die unter bestimmten Prozessbedingungen dazu führen können, dass die Separator Sicherheitsventile hochgehen und in zwei Fällen hat dies zu Anlagenstillständen geführt ", sagte Uwe.

„Ich erinnere mich an die CAISTOS Situation sehr gut", antwortete Karl.

„Das wollte ich mit Ihnen besprechen. Es wird einige Zeit dauern, also sollen wir jetzt darüber reden oder ziehen Sie eine andere Zeit vor? fragte Uwe.

„Nein, dies ist so gut wie jede andere Zeit für mich", antwortete Karl, „Ich höre zu."

Uwe sagte „Karl, ich glaube, dass Ihr MPC-Funktionsblock, der aus einem multivariablen Prozessregler mit hoch-tief Beschränkungen und Fallback-Funktionen bestand, geholfen hätte, die Prozessinteraktionsprobleme zu beseitigen."

„Ja, ich meine auch, dass es das Prozess Schwankungsproblem verbessert hätte, aber erinnern Sie sich, Cobos wollte das Modul in der Überwachungsebene (ihrem Computer) implementieren, ich bin mir fast sicher, dass dies aufgrund der begrenzten Geschwindigkeit nicht funktioniert hätte. Diese Funktion gehört in den Regler und das Gerät hatte dafür nicht die Speicherkapazität ", sagte Karl.

Uwe antwortete „Karl, ich muss eine Frage einwerfen: Mit Ihrem Anwendungswissen und MICGENs Hardware-Kompetenz, könntet ihr so etwas wie einen MPC in eurem neuen Controller integrieren?"

„Ich bin ziemlich zuversichtlich, dass wir das können", antwortete Karl.

„Rufen Sie mich bitte in ein paar Wochen wieder an", sagte Uwe.

„Ich werde dies mit Sicherheit tun" bejahte Karl und sie beendeten das Telefongespräch. Karl sagte zu sich selbst „Das war eines der besten Telefonate, die ich je hatte".

Karl wusste, dass das erste, was Uwe ihn fragen würde, wenn er zurückruft, ist „wann können Sie die Multivariable Process Controller (MPC) liefern"? Er glaubte, dass Uwe eine neunmonatige Lieferzeit angemessen finden würde. Und wenn er Kurts Aussage von vier Monaten für ein Prototyp-Modul des Advanced Control Wizards berücksichtigte, könnten die neun Monate innerhalb von MICGEN Fähigkeiten liegen, vorausgesetzt, er kann mit der Anwendungsdefinition für den kompletten MICWIZ (Advanced Control Wizard) fertig werden. Da der MPC ein integriertes Stück Software des Application Wizards ist, braucht Jan den detaillierten Aufwand, um mit der Implementierung der Multivariablen Process Control Software anzufangen. Mit der vorhandenen Funktions-

Beschreibung für den CAISTOS MPC sollte Jan in der Lage sein den Programmieraufwand abzuschätzen.

Karl erinnerte sich noch gut, dass die Funktionsbeschreibung für den Multivariable Process-Controller, die sie für CAISTOS geplant hatten, darunter viele Software Details, in seinem Besitz ist. Auch wenn der MPC vor allem seine Definition war und er einigermaßen sicher war keine Geheimhaltungsvereinbarung unterzeichnet zu haben, wusste er nicht genau, ob er aus rechtlicher Sicht, diese ausführliche Dokumentation verwenden durfte. Nicht nur hatte er viele Wochenenden am MPC während seiner Zeit bei SONARES gearbeitet, der Programmierer bei Cobos hatte schon den Großteil der Codierung fertig, und auch Uwe verbrachte viel Zeit an den MPC Details mit Cobos. Dies war eine Aufgabe von mehreren Monaten. Und das Dokument enthielt nicht nur die Bau-Informationen, sondern auch die Test Details. Karl wusste, dass er Uwes Hilfe zur Klärung der rechtlichen Aspekte brauchen würde.

Uwe Villaloberg wusste sicher von der Existenz dieses MPC Dokuments, er hatte höchstwahrscheinlich eine Kopie davon, da er sich stark für die MPC Integration im Cobos DCS bei CAISTOS einsetzte. Er, der Software Kenntnisse hatte und sehr detailorientiert war, war nicht geeignet, die MPC Funktionen und deren Vorteile gegenüber dem Management zu präsentieren. Die Zustimmung, den MPC in Betrieb zu nehmen wurde abgelehnt, obwohl CAISTOS bereits für den Entwicklungsaufwand bezahlt hatte. Karl erinnerte sich daran, und meinte, dass er eine Überblick-Beschreibung benötigte, damit Uwe in der Lage wäre, seinen Kollegen in AROBCO zu vermitteln, was sie bekommen würden. Und da er beabsichtigte, den Advanced Control Wizard (ACW) im Aktualisierungsangebot des Esmix Produktionsplattform-Revamp Jobs einzuschließen, erwog er, das komplette Application Wizard Software-Modul, in zwei Wochen Uwe am Telefon zu präsentieren.

Karl fasst den folgenden Bericht zusammen –

Eine Neue Generation von Systemen

Advanced Control Wizard – ACW

Der Advanced Control Wizard (ACW) ist ein Modul, das eine Vielzahl von Anwendungen bietet - von der einfachen Prozessregelung bis zur gesamten Regelungsoptimierung. Seine Architektur ist revolutionär.
- Jedes ACW-Modul ist ein Single-Board; mit Prozessoren, Speichern, Kommunikation und den seriellen I/O Schnittstellen.
- Die XMR-Redundanz-Architektur bietet: Single - Duplex - TMR - und Quad Redundanz.
- Das ACW-Modul ist mit einer eigensicheren, Intelligenten Anschluss-Platine (ITP) über serielle redundante Schnittstellen verbunden.

Zusätzlich zu den Standard-Regelungsfunktionen, umfasst der ACW drei Software-Elemente:
MPC - Multivariable Prozesskontroller, **CLC** - Constraint Limit Control, **PCG** – Prozess Configuration Genius

Der Advanced Control Wizard (ACW) beinhaltet Desktop-Tools, den Workbench Wizard, der einen durch den Prozess des Erstellens und Testen der Regelkreise und die damit verbundenen Anwendungen führt.

118

Multivariable Process Controller - MPC

Multivariable Process Control (MPC) ist nicht neu. Es ist seit den 1990er Jahren angewendet worden. MPC hat die Fähigkeit gezeigt, bestimmte Prozesse an ihrem optimalen Betriebspunkt zu halten. Sein Erfolg war begrenzt, weil die derzeitigen am Markt verfügbaren MPCs mit dem Prozess über das DCS oder über ein Prozessinformationsmanagement System verbunden sind. Daher wurden die bestehenden MPCs meist auf lineare Kontrollprobleme mit langsamer Dynamik angewendet. Da das MICWIZ MPC sich in den dezentralen Reglern befindet, hat es direkten Prozesszugang mit Reaktionsfähigkeit im Millisekunden-Bereich, wodurch die meisten dynamischen Einschränkungen und Prozessinkonsistenzen über den gesamten Betriebsbereich eliminiert werden. Verbesserungen beinhalten auch einen Look-Ahead-Algorithmus und mehr Flexibilität / Vereinfachung der Struktur des Modells. Das Ergebnis ist eine gute Unterdrückung von Prozessstörungen sowohl für langsame- als auch für mittel-dynamische Prozesse.

Die MICWIZ MPC-Firmware umfasst:
- Das Online-Steuerprogramm, das die Überprüfung von Eingaben, den Look-Ahead-Algorithmus, stationäre Zielberechnungen und dynamische Bewegungen berechnet.
- Die mehrfachen Algorithmen zur Modellidentifizierung sowie Modellvorhersage, Modellunsicherheit und Kreuzkorrelationseigenschaften für Modellanalyse.
- Den Assistenten zur Konfiguration des Steuermoduls.
- Das Simulations-Programm, das interaktive Bewertung und Prüfung von Regelleistung im Falle von Modellfehlanpassungen und Prozessmessschwankungen ermöglicht.

Die Leistung der vorhandenen MPCs ist auch dadurch eingeschränkt, dass die meisten der Prozessleitsysteme (DCS, PCS, etc.), auf denen sich der MPC befindet, nicht über automatische Fallbackstrategien verfügen, die für Regelkreis Integrität und Zuverlässigkeit im Falle von Fehlfunktionen bestimmter Feld-Messungen (Transmitter, Wandler, Analysatoren, etc.) sorgen.

119

Constraint Limit Control - CLC

Mit Constraint Limit Control kann man fortschrittliche Steuerungslösungen für eine Vielzahl von Prozessen schützen, von dem einfachen linearen zu komplexen nichtlinearen Verfahren. Dies ist ein großer Fortschritt für Integrität und Zuverlässigkeit von Mehrfach-Regelkreisen.

Die MICWIZ CLC-Firmware enthält:
- Die Histogramm und Normalität Probability Plots für die Tests auf Normalverteilung.
- Die Bewertung von Messwert Unterschieden.
- Die WAS-WENN-Analyse-Routinen.
- Die Constraints (Begrenzungen) von Soft-und Hard Grenzwertberechnungen oder Vor-Einstellungen.

Process Configuration Genius - PCG

Das automatische Konfiguration-Konzept des Prozess-Configuration Genius bietet ein neues Niveau der Regelungsstrategie betreffs Flexibilität und Effizienz. Es integriert die Anwendung von Vor-Konfigurationssoftware mit der On-Linie Steuerstrategie Überwachung und der automatischen Auswahl von Fallback-Strategien. Es ermöglicht eine optimale Strategieanpassung durch interaktive Auswertung der Prozesseinheit Leistung.

Die MICWIZ PCG-Firmware umfasst:
- Das Berechnungsprogramm für die Effizienz der Prozess Unit .
- Die Bibliothek der Prozess-Strategien.
- Den Expert Tuning Parameter-Rechner.
- Die automatische Regelungs-Fallback-Strategie Auswahl.

Der Advanced Control Wizard - ACW - ist ein Durchbruch in der Prozess-Steuerungstechnik. Es bietet erweiterte Überwachung und Steuerung für echte Prozessoptimierung in einer zuverlässigen Weise.

Als Karl an diesem Abend zu Hause ankam, nahm er die beiden Kartons, die in der Garage gelagert waren, markiert als SONARES, und suchte nach dem MPC-Dokument. Es war oben, in einem dicken Ordner, im zweiten Karton. Er würde es morgen früh durchsehen. Da Karl zwei Wochen Zeit hatte, um Uwe zu kontaktieren, hatte er nicht die Absicht, Jan mit der komplexen Aufgabe der Multivariablen Regelung zu unterbrechen, bis zu dem Zeitpunkt, dass Jan die grundlegende Ausführungsfunktion fertig hatte.

Als er die funktionale Spezifikation des MPCs durch ging, für die er die grundlegende Definition erstellt hatte, wurde ihm wieder bewusst, wie viele Details notwendig waren, um angemessene Implementations- und Testinformationen für Programmierer als auch für die QA-Ingenieure, zu liefern. Details der Benutzeroberfläche bis auf die Pixel und den Farbton, Größe und zulässigen Inhalt der Dateneingabefelder, genauen Wortlaut von Fehlermeldungen, komplexe Algorithmen und sogar die Unterstützung des Web-Browsers, Bildschirmgrößen, etc. Während sein Software-Team möglicherweise nicht so viele Details in ihrer Funktionsbeschreibungen definieren müssen, weil sie Erfahrung mit Sicherheitssystemen haben und nicht sehr auf schriftliche Kommunikation angewiesen zu sein scheinen, dachte Karl, dass die Funktionsdaten der MPC ein gutes Beispiel für sein Team wären und dass dies als ein allgemeiner Softwareentwicklungsstandard dienen könnte. Er wusste, dass jedes Unternehmen anders ist und beabsichtigte, dies mit Martin vor dem Treffen mit seiner Gruppe zu überprüfen. Außerdem musste er die rechtlichen Aspekte der Verwendung dieses MPC Dokuments klären, bevor er irgendetwas damit anfing.

Es war 10.00 Uhr und da es noch Zeit war, um Uwe in seinem Büro, in England, zu erreichen, rief Karl ihn an. „Villaloberg" antwortete Uwe.

„Uwe, hier ist Karl, entschuldigen Sie die Störung, aber während unseres letzten Gesprächs, habe ich vergessen, die mögliche rechtliche Frage in Bezug auf die Verwendung von Dokumentation und Software für den CAISTOS Multivariable Controller zu erwähnen", sagte Karl.

„Rechtliche Frage?" kommentierte Uwe „Sie und ich haben den MPC definiert. Haben Sie eine Geheimhaltungsvereinbarung bei SONARES unterschrieben? "

„Nein es gibt keine Schwierigkeiten meinerseits, aber denken Sie daran, dass CAISTOS für alle Unterlagen, einschließlich der Software-Entwicklung von COBOS, bezahlt hat", sagte Karl.

„Das sollte kein Problem sein, solange Sie den MPC als Standard Option in Ihrem neuen Produktangebot zur Verfügung stellen. Schließlich beschloss CAISTOS den MPC nicht zu implementieren, aber wenn der MPC sich bewährt hat, bin ich sicher, dass die meisten dieser Produktionsplattformen es benutzen würden. Wie auch immer, ich werde mich mit der CAISTOS Rechtsabteilung in Verbindung setzen und lasse Sie deren Antwort per E-Mail wissen ", sagte Uwe.

"Vielen Dank Uwe", antwortete Karl und sie legten auf."

Vier Tage später erhält Karl die E-Mail-Antwort von Uwe.

Hallo Karl,
Wir erhielten die Genehmigung von CAISTOS Rechtsabteilung, für Ihr Unternehmen, die MPC-Software

und ihre Dokumentation zu nutzen – wie es in CAISTOS Bestellung XX-XXXX zu SONARES enthalten ist.

Sie haben unsere Anfrage überprüft und teilen mit: Erlaubnis zu kopieren, ändern und verteilen, dieser Software und deren Dokumentation, mit oder ohne Änderungen, für jeden Zweck und ohne Gebühr, oder Lizenzgebühren, wird hiermit erteilt; vorausgesetzt, dass der Systemanbieter, der diese Software und Dokumentation, oder Teile davon, für die Entwicklung eines Produkts verwendet, ein solches Produkt, zu den Standard-Preisen und Kaufbedingungen des Systemanbieters, für CAISTOS zur Verfügung stellt.

Haftungsausschluss - diese Software und deren Dokumentation wird bereitgestellt „Wie bestehend" und CAISTOS macht keine Zusicherungen oder Gewährleistungen, weder ausdrücklich noch implizit.

Grüße, Uwe Villaloberg

Karl wollte Uwe bitten, ihm eine Kopie des Schreibens von CAISTOS Rechtsabteilung zu senden und wollte abwarten, bis er das Duplikat erhielt, bevor er mit Martin über die Entwicklungen des AROBCO Esmix Angebots und dem möglichen Kauf eines Prototyps für eine MPC Testinstallation, sprach.

Und dann zufällig, kurz nach Erhalt von Uwes E-Mails, hörte er Martin schreien „Karl, können Sie bitte in mein Büro kommen? Ich habe Tim am Telefon."

Er eilte zu Martin Büro. „Hallo, Tim. Ich habe jetzt Karl hier. Können Sie bitte wiederholen, was Sie von AROBCO gehört haben", sagte Martin.

„Hallo, Karl. Ich kam gerade aus einem Treffen über die Sicherheitssystem-Wartung und der Supervisor erwähnte, dass sein neuer Boss, Uwe Villaloberg, mit Ihnen über eine Testinstallation unseres neuen Systems spricht."

„Ja, Tim, ich sagte Martin vor ein paar Tagen, dass ich mit einem ehemaligen Kollegen sprach. Er arbeitet jetzt bei AROBCO. Ich wollte die Wahrscheinlichkeit überprüfen, dass wir in der Lage sind zu liefern, bevor ich Martin die potenziale Möglichkeit vorlege. Übrigens bat Uwe Villaloberg mich, ihn in ungefähr zwei Wochen anzurufen. AROBCO wurde nichts versprochen", sagte Karl.

„OK Leute, die Dinge scheinen alle auf einmal zusammen zu kommen. Karl, kannst du dich bei mir in ein paar Tagen melden, um über die AROBCO Esmix Möglichkeiten zu sprechen."

„Klar, kein Problem, und auf Wiedersehen Tim", sagte Karl.

Martin wünschte Tim Erfolg an einem anderen potenziellen Projekt und beendete das Konferenzgespräch. Er wandte sich dann an Karl und sagte: „lass uns den F & E Status bei unserem Mittagessen am Freitag besprechen." „OK", antwortete Karl und ging in sein Büro zurück.

Karl wusste, dass aus Sicht des Entwicklungsfortschritts die Softwareaufgaben der Verbesserungsprojekte für die Sicherheitssysteme seine Herausforderungen sind. Jan berichtete seine Fortschritte über den neuen Controller fast stündlich. Sie waren in ständigem Kontakt über Daten-Eingang-Details, Funktionsdetails, etc., und das würde voraussichtlich weitere vier bis sechs Wochen dauern.

Bezüglich dem Stand der Hardware, informierte ihn Kurt fast täglich über die Fortschritte. Aber er wusste nicht wirklich, wo die

Software-Entwicklungsaufgaben von Peter, Richard, Emma und Leon standen. Er kannte den Status der neuen SOE Entwicklung, der Alarm-Management Verbesserung, der Generation des Wechselberichts und der neuen Prozesswert Trendermittlung, nicht. Bisher hatte er sich auf die Definition des neuen Controllers konzentriert und wollte sich nicht mit den schwierigen Situationen der bestehenden Sicherheitssystem-Entwicklungen befassen. Karl ist beunruhigt, dass diese Projekte bezüglich Zeitplanüberschreitung zu spät besprochen werden, wenn Änderungen sehr viel schwieriger und die Folgen viel schwerwiegender sind. Aus Gesprächen mit Peter, wusste Karl, dass das Software-Team oft Probleme bei der Erfüllung der Zeitpläne hatte. Für das Team war diese Situation auch nicht einfach, wie Peter betonte. Es hatte wiederholt Fristen versäumt, ihre Glaubwürdigkeit fehlte, und die Menschen könnten seelisch „ausgebrannt" werden. Karl war besorgt.

Karl hatte die Erfahrungen gemacht, dass eine Überprüfung der Fortschritte die beständigste Motivation für die Implementierung einer Software-Status Messung ist. Natürlich erfordert der effektive Gebrauch jeglicher Fortschrittmessung von jedem Mitglied seines Software-Teams den ehrlichen Wunsch, den tatsächlichen Status des Projektes zu kennen und setzt die Bereitschaft voraus, Maßnahmen zu ergreifen, um Probleme zu beheben. Karl kannte seine Leute noch nicht wirklich. Aber er war fest entschlossen, dies zu ändern.

Er wird häufiger mit ihnen reden und eine Tabelle zusammenstellen, um den Fortschritt als Prozentsatz der Projektaktivitäten, die abgeschlossen wurden, zu messen. Er begann mit einer einfach zu implementierenden Fortschrittsmessung, eine die nur die geplanten Start- und Enddaten für jede Hauptaktivität, zusammen mit der periodischen Schätzungen des Prozentsatzes der Fertigstellung jeder der einzelnen Aktivitäten, erfordert. Alle zwei Wochen würde eine komplette Prozent-Schätzung zur Verfügung gestellt werden, basierend auf Schätzung des jeweiligen Programmierers, wie viel tatsächlich bis zu diesem Zeitpunkt durchgeführt wurde. Dieser Bericht wurde verwendet, um den Fortschritt und aktuellen Stand des F & E-Treffens zu vermitteln.

Software Progress Report

Phase	Anfangsdatum	Geplantes Enddatum	Prozent komplett
Dokument Business Anforderungen	X/XX/2016	X/XX/2016	Ausreichend?
Dokument Technische Anforderungen	X/XX/2016	X/XX/2016	XXX
Design-Entwicklung	X/XX/2016	X/XX/2016	*XX*
Code und Unit Test	X/XX/2016	X/XX/2016	XX
System Test	X/XX/2016	X/XX/2016	XX
Ausbildung	X/XX/2016	X/XX/2016	XX
Datenkonvertierung	X/XX/2016	X/XX/2016	XX
Installation	X/XX/2016	X/XX/2016	XX

Karl war überzeugt, dass diese Fortschrittsberichte das Review durch Kollegen stärken und vielleicht sogar zu Qualitätsverbesserungen anspornen würden. Aber, wie kann man den Programmierern vermitteln, dass diese Berichte nicht eine lästige Dokumentationsübung sein sollen, sondern dass sie für die Auswertung zur Projektplanung erforderlich sind? Und, dass

Fortschrittsberichte bedeutsam sind, da sie als ein Mittel der Kommunikation von möglichen Korrekturen dienen. Er glaubte, dass eine effektive Zwei-Wege-Kommunikation mit jedem Programmierer und ein gemeinsames Klima des Vertrauens, ihm eine Chance geben könnte, die Nachricht korrekt zu vermitteln. Den Bericht besprach er mit jedem der vier Programmierer, zurzeit war Leon ausgenommen, und versuchte ihnen das Gefühl zu geben, eingebunden und bedeutend zu sein. Es schien zu funktionieren, denn sie zeigten Verständnis und versprachen Karl, die Berichte vor den Mitarbeiter-Besprechungen bereit zu halten.

Er war sich jedoch bewusst, dass aufgrund der vorliegenden erhöhten Projektaktivität, ein Multitasking die Effizienz seines Teams stark behinderte. Je mehr Arbeitsaufgaben zu einem bestimmten Zeitpunkt bearbeitet werden müssen, desto mehr Wechsel des Kontexts werden notwendig, was wiederum den Weg zur Fertigstellung behindert. Deshalb hatte Karl das Ziel die Menge der zu bearbeitenden Softwareaufgaben zu verwalten. Die Kontrolle der Work-in-progress Aktivitäten zeigten Engpässe im Fortschritt des Teams aufgrund mangelnder Konzentration, Menschen oder Fähigkeiten, auf.

Karl war sich des gegenwärtigen Kampfes innerhalb des Teams bezüglich der Herausforderung Dinge zu erledigen, voll bewusst. Er glaubte, dass ein Teil der Herausforderung durch Veränderung ihrer Denkweise zu gewinnen sein könnte. Viele Menschen nehmen sich nie die Zeit, um ihre Top-Prioritäten festzulegen. Was ist meine wichtigste Herausforderung? Karl war immer von Effizienz durch Fokussierung überzeugt. Er fragte sich oft – „Was ist es, das nur ich gut ausführen kann? Was sind die Kernkompetenzen, auf die sich mein Unternehmen konzentrieren muss, um profitabel zu sein und zu wachsen?" **Bisher war Fokus der Schlüssel zu seinem Erfolg.**

Vor dem Mittagessen mit Martin machte Karl Kopien der Software Berichte, die jeder Programmierer abgab und die sie während des F & E-Treffens diskutierten. Er machte auch eine Kopie der Advanced Control Wizard Übersicht. Er hatte vor, diese Informationen an Martin zu geben, aber fand ihn nicht in seinem Büro. Er fragte Ella Alexander, Martins Sekretärin, wo er sei.

Ella antwortete: „Karl, Martin ist bei einem Treffen mit seinem Finanzberater. Hoffentlich kommt er noch vor Mittag zurück; Ich habe schon die Restaurant Reservierung für euch zwei gemacht." Karl legte die Kopien auf Martins Schreibtisch und ging zu seinem Büro zurück.

Etwa zwanzig Minuten nach 12.00 Uhr, blickte Martin in Karls Büro und sagte „Karl, es tut mir leid verspätet zu sein, bereit für das Mittagessen?" „Ja, natürlich", antwortete Karl.

Als sie sich in Martins Auto setzten, holte Martin tief Luft und sagte „Wow, was war das für eine Woche und sie ist noch nicht vorbei; Karl, ich brauche ein gutes Essen und gute Nachrichten." Da es nur wenige Minuten zum Restaurant waren gab es keine Zeit zu reden, bevor sie ankamen. Martin und Karl wurden wie üblich freundlich vom Restaurant-Besitzer begrüßt und Martins Tisch war für sie bereit.

Sie setzten sich und anstelle von Martins üblichem Geplauder über Freunde zu Beginn der Mahlzeit, sagte Martin „Sieht so aus als ob die Dinge für dich gut laufen. Kurt und Peter haben nur positive Sachen über dich erwähnt und übrigens, ich mag deine Berichterstattung, wie jede Aufgabe getrennt dargestellt wird."

„Na ja, jeder versucht sein Bestes zu tun, trotz der gegenwärtigen Überlastung", antwortete Karl.

„Deine Ermutigungen scheinen aber einen Unterschied zu machen", sagte Martin.

Sie bestellten die Mahlzeit und Martin setzte fort „Ich habe einen Blick auf deine Definition des Advanced Control-Wizards geworfen"

„Es ist nur eine Übersicht", unterbrach Karl.

„Es scheint als ob du es schon im Detail durchdacht hast", sagte Martin und fuhr fort, „Ich möchte alles darüber wissen."

"Ja, es ist spannend. Die ganze Sache ist viel schneller fortgeschritten, als erwartet. Dies war in erster Linie darauf zurückzuführen, dass mein ehemaliger Kunde, Uwe Villaloberg, zu AROBLCO wechselte. Wir haben an dem Projekt der CAISTOS Produktionsplattform zusammen gearbeitet und definierten einen Multivariable Prozessregler für die Kompression und das Separator Verfahren. Nun, ich habe den Großteil der Spezifikation geschrieben, aber ich muss sagen, dass Uwe viele Vorschläge bezüglich des Prozessverfahrens hatte. Er ist ein sehr detailorientierter Ingenieur."

„Tim sagte mir aber, dass er eine Schlüsselposition bei AROBLCO hält", unterbrach Martin.

„Er hat gerade dort angefangen, ich bin nicht sicher, welche Position er dort hat", sagte Karl und fuhr fort „Wie auch immer, Uwe hat noch Interesse an der Weiterführung des Multivariable Prozessreglers und es gibt eine Chance für uns, die gesamte Dokumentation und die Software Protokolle des Entwicklungsaufwands von CAISTOS zu erhalten. Die Software für den MPC ist mehr als drei Mal so groß wie unser ganzes Safety

System-Software-Paket, keine Übertreibung! Hier ist die E-Mail, die ich von Uwe erhielt." Karl zog eine Kopie aus seiner Jacke und zeigte sie Martin.

Martin las die Genehmigung der CAISTOS Rechtsabteilung für die Verwendung der MPC-Software und deren Dokumentation sorgfältig, und fragte „Heißt dies, dass sie die Software kostenlos freigeben würden?" „Ja, CAISTOS hat für die Entwicklung bezahlt. Für uns würde es bedeuten, die Software auf unsere Plattform zu portieren. Sie läuft jetzt unter UNIX, und es wäre ein beachtlicher Prüf- und Testaufwand - mehrere Monate Arbeit. Aber ich bin ziemlich sicher, dass es sich bezahlt macht", sagte Karl und setzte fort „Ich werde von Jan nächste Woche eine Schätzung des Softwareanteils bekommen, wenn du einverstanden bist, diese Chance zu verfolgen."

„Das ist fast zu gut, um wahr zu sein. Natürlich stimme ich zu. Muss ich zu diesem Zeitpunkt irgendetwas tun?", fragte Martin.

„Nein, ich werde Uwe Villaloberg in ein paar Wochen anrufen und ihm sagen, dass wir daran interessiert sind. Hoffentlich hat er den nötigen Einfluss dort, in AROBLCO, sie zu überzeugen, uns einen Auftrag zu geben."

Martin bestellte keinen Nachtisch, was für ihn ungewöhnlich war. Als sie das Restaurant verließen, spürte Karl etwas Unruhe und fragte ihn, „macht der Job für das große Sicherheitssystem gute Fortschritte?"

„Ja, wir machen deutliche Fortschritte. Leider denkt mein Finanzberater und Hauptinvestor, wenn man einen Auftrag bekommt, haben wir auch gleich Geld auf unserem Bankkonto. Er stellt die Geschäftsbedingungen der Bestellung in Frage. Er will, dass ich den AROBCO Auftrag neu verhandele. Keine Sorge, Karl, es ist OK" sagte Martin und sie fuhren ins Büro zurück.

Im Büro angekommen wollte Martin das CAISTOS Dokumentationspaket sehen. Als Karl den dicken Ordner auf seinem Schreibtisch legte und ihn öffnete um ihm die Software Protokolle zu zeigen, sagte Martin „Wow! du hast wirklich nicht übertreiben. Ella soll eine Kopie davon machen, nicht für mich, aber für den Fall, dass du Jan die Dokumente und die Protokolle gibst, sollst du vielleicht ein Duplikat behalten."

„Ja, ich war im Begriff, das zu tun, aber wenn Ella Zeit hat, hilft das", sagte Karl.

„Sicher kann sie das tun. Ich wünsche dir ein schönes Wochenende, Karl. Ich muss gehen. "

„Auch ein angenehmes Wochenende, Martin, und vielen Dank für das Mittagessen ", antwortete Karl.

Wie üblich rief Jan während des Wochenendes an, um über einige Funktionsdetails zu sprechen. Obwohl der Anruf oft mehrere Stunden dauerte, war Karl dankbar, weil er sehen konnte, wie viel Fortschritt Jan machte und es war ein angenehmes Gefühl in der Lage zu sein, ihm zu helfen. Am Ende dieses Samstags-Gespräches fragte Jan Karl, ob er für die kommende Woche, einen Tag einplanen könnte, um die Software durchsprechen zu können, weil er mit der Konfigurationsstruktur und den grundlegenden Funktionen fertig war.

Es gab viele Herausforderungen während Karls erster Wochen am Arbeitsplatz, aber in der Lage zu sein, Martin mitzuteilen, dass

Jan die grundlegende Codierung für den neuen Controller abgeschlossen hatte, war etwas, worüber sich Karl wirklich freute. Karl fühlte sich wirklich toll. Er rief seine Freundin an und fragte sie, ob sie an den Strand kommen und ob er ein Hotel für heute Abend reservieren sollte. Sie hatten in den vergangenen Monaten wenig Zeit zusammen verbracht, und Karl war froh, dass sie Verständnis für seine langen Stunden im Büro hatte.

Montagnachmittag, als Karl an seinem Application Guide arbeitete, kam Johann Kramo, der Projekt-Manager, in sein Büro und sagte „Karl, Ihr Team hält das CAISTOS-Projekt auf. Was wollen Sie gegen diese Verzögerungen im Software Zeitplan tun?"

Karl, mit einem verwirrt Ausdruck in seinem Gesicht, antwortete „Was ist passiert? Peter, Richard und Leon haben nur an dem Sicherheitssystem Projekt gearbeitet. Nichts hat sich geändert. Es gibt keine andere Projektzuordnung. Also, was erzählen Sie mir? Was ist plötzlich geschehen?"

"Das habe ich ihre Leute in dem heutigen Projekttreffen gefragt, als sie mit unterschiedlichen Fertigstellungsterminen ankamen ", sagte Johann und fuhr fort „Ich werde dies nicht akzeptieren. Leider ist Martin nicht hier, sonst hätten wir drei ein ernstes Gespräch gehabt."

„OK Johann, es muss ein Missverständnis sein. Ich werde mich mit meinem Team morgen treffen und werde mich danach umgehend mit ihnen in Verbindung setzen. Ist das in Ordnung? ", antwortete Karl.

„OK, morgen dann", sagte Johann und verließ Karls Büro.

Karl lehnte sich auf seinem Stuhl zurück, nahm einen tiefen Atemzug und meinte zu sich selbst, „hier sind wir wieder, mit dem 90 Prozent-erledigt-Syndrom im Software-Status-Reporting.". Er vermutete, dass entweder durch Wunschdenken oder allgemeinen Optimismus, seine Leute Johann unrealistische Termine gegeben hatten. Oder vielleicht hatten sie die Software-Test-Zeit nicht in Betracht gezogen und er bezweifelte auch, dass Johann die richtigen Fragen gestellt hatte. Er war überrascht von Johanns anklagendem Ton und von seiner Drohung, Martin sofort zu informieren. „In Anbetracht, dass Johann während seiner ersten Tage im Büro der übermäßig freundliche war, hatte er sicherlich eine kurze Schonzeit mit ihm. Sind das nicht die Zeichen eines typischen Intriganten?" fragte sich Karl. Je früher er diese Sache löste, desto besser würde er in der Arbeitsumgebung mit Johann und dessen Projektteam wahrgenommen werden.

Als er nach Hause kam, konnte Karl das wütende Verhalten von Johann immer noch nicht aus dem Kopf bringen und hatte Schwierigkeiten, sich zu entspannen. Er wusste aus jahrelanger Erfahrung, dass Büros wettbewerbsintensive Orte sind und dass nicht alle Mitarbeiter seine besten Interessen im Herzen haben. Die Realität war, dass wahrscheinlich jemand versuchte, sich zu seinem Lasten aufzubauen und eine Termin-Verzögerung als Chance sah. Dies konnte in Form von offenen, oder Hinter-dem-Rücken gegebenen Kommentaren kommen. In anderen Fällen könnte es in der Form auftreten, wo jemand vorgibt, Ihr Freund zu sein, während er Sie bei der Arbeit sabotiert. Er sagte zu sich selbst „der Trick dabei ist, dem Heuchler keinen Anlass zu geben. Also, wenn du morgen ins Büro kommst, sehe nicht schwach und wie ein Opfer aus.

Habe die Einstellung es geschah und ich werde entdecken, wie es zu bewältigen ist. Das Wichtigste war, das Problem zu beheben! Die überwiegende Mehrheit der Leute wollen, dass du Erfolg hast und bisher war es eine tolle Erfahrung mit MICGEN. Konzentriere dich auf die positiven Interaktionen, um dein Vertrauen aufzubauen und vermeide die Intriganten indem du dich nicht wie ein Opfer benimmst" betonte Karl, und beruhigte sich.

Wie es häufig der Fall war, traf er Peter am nächsten Morgen in der Kaffeeecke. Er fragte ihn, „Ist gestern etwas Besonderes passiert beim Projekt-Status Treffen?"

„Ja, Johann war ganz aufgeregt, nachdem Kurt ihm mitteilte, dass er einige der alternativen Komponenten für Lieferzeitverbesserungen nicht geprüft hatte; Dann fragte er mich, ob die Software planmäßig abgeschlossen werden würde. Ich antwortete, dass wir dazu die Hardware für die abschließenden Tests brauchen. Er schrie mich an ‚Sie gaben mir Fertigstellungstermine für die Software, sind diese plötzlich nicht mehr gültig'" sagte Peter.

„Nun, es war wohl ein Missverständnis", sagte Karl. „Nein, ich glaube nicht, da ich Johann vor einigen Wochen informierte, dass die Softwaredaten nicht die Test-Zeit enthielten. Johann hat eine Tendenz zu optimistischen Schätzungen und beschuldigt dann andere, wenn Verzögerungen auftreten. Derzeit ist er total aufgebracht. Komponenten, Schränke; bei allem scheint es zu Verzögerungen zu kommen. Ich hoffe, dass er nicht wieder im Krankenhaus landet ", antwortete Peter.

„Nun, ich wünsche Ihnen einen guten Tag, Peter", sagte Karl und ging direkt zu Johanns Büro. Johann war gerade bei der Markierung auf seiner Tafel, als Karl an seiner Tür anhielt „Hallo Johann, es scheint, dass dies gestern ein Missverständnis war. Ich sprach gerade mit Peter ", sagte Karl. „Ja, ich stimme Ihnen zu. Ich dachte gestern Abend darüber nach. Jedenfalls ist mein Zeitplan total durcheinander" antwortete Johann und wandte sich wieder seiner Tafel zu. Karl dachte, dass es besser sei, keine weiteren Kommentare bei jemandem in solch einer schlechten Stimmung zu machen und ging zurück in sein Büro.

Später am Morgen hinterließ Ken eine Nachricht auf Karls Telefon, ob er in den nächsten Tagen für eine Software-Besprechung Zeit hätte. Karl konnte von der Rückrufnummer sehen, dass Jan von seiner Wohnung telefonierte und rief ihn an „Hallo Jan, wann willst du denn das Review durchführen?"

„Wäre Donnerstagmorgen OK für dich?", Antwortete Jan. „Klar", sagte Karl „bis Donnerstag dann." „Es wird den ganzen Tag dauern", sagte Jan. „Ja, hoffentlich, und wir können nicht nur die Dateneingabe testen, sondern auch einige der Funktionen prüfen", sagte Karl. „Oh ja, ich habe schon einige der grundlegenden Funktionen getestet ", sagte Jan.

„OK, dann lass uns das am Donnerstag tun. Hab' einen guten Tag ", antwortete Karl.

Jan war bereit, Karl zu zeigen, dass seine Software gut funktionierte. Es war viel mehr als das strukturierte Durchgehen, das Karl erwartete. Als sie sich am Donnerstagmorgen trafen, hatte Jan schon seine Software auf den Emulator heruntergeladen und änderte Parameter der Begrenzungsfunktion (Constraint-Funktion).

„Hallo, Jan, es scheint, als ob alles auf dem Simulator läuft?", sagte Karl.

„Ja, es ist so", sagte Jan mit einem stolzen Lächeln. „Und bisher keine Fehler. Ich bin schon seit mehr als einer Stunde hier, wo warst du denn? Es ist bereits 7:00 Uhr. Können wir beginnen? " scherzte Jan.

Sie testeten den PID und dreiundzwanzig andere Funktionen, darunter auch Optimierungsfunktionen wie Conditional (bedingten) Fallback und Grenzwerte für die Begrenzungsfunktion. Nach mehreren Teststunden fanden sie nur ein paar kleinere Fehler.

"Jan, das ist großartig", sagte Karl. „Ich weiß, dass du die I/O Funktion im Feld nicht testen kannst, bis die Prototyp-Hardware verfügbar ist, aber was du zu diesen kurzen Zeitrahmen erfüllt hast, ist geradezu fantastisch."

„Ich betrog ein wenig. Ich arbeitete bereits daran, bevor ich an Bord kam. Denk an die Anrufe? ", Sagte Jan.

„Wir müssen dies nächste Woche Martin zeigen", sagte Karl.

„Also, was ist die nächste Priorität?", fragte Jan.

„Wir sollten weiter die Steuerungsfunktionen implementieren und wie du weißt, bin ich noch mit dem Application Guide beschäftigt", sagte Karl „Aber etwas Unerwartetes passierte letzte Woche. Ich habe eine enorme Herausforderung für dich Jan. Wir sprachen über zukünftige Advanced Process Control-Funktionen. Nun, lass uns in mein Büro gehen um dies zu besprechen ", und beide standen auf und gingen zu Karls Büro.

„Hier ist ein Überblick von dem, was ich als das Advanced Control Wizard-Modul bezeichne." Karl gab Jan die Definition die er vor ein paar Tagen geschrieben hatte. „Es beschreibt ein Softwarepaket, das das Multivariable Process Control Modul, die Constraint Limit Control und das Prozesskonfiguration Modul beinhaltet. Es benötigt natürlich auch die Desktop-Tools für die Analyse und das Design der Steuerung. Diese Advanced Control Wizard Plattform wird erhebliche Prozessverbesserungen ermöglichen ", sagte Karl und fuhr fort: „Jan, dies wäre wirklich ein Durchbruch einer zukunftsweisenden Prozessregelung."

„Ich verstehe, dass die Beurteilung der Qualität von Software sehr subjektiv ist, und von der individuellen Benutzererfahrung abhängt", sagte Karl und übergab Jan den 7 cm dicken Ordner der Multivariable Process Control-Dokumentation. Jan war überrascht. Karl fuhr fort „Jan, ich bitte dich, eine quantitative Bewertung dieses Software-Paketes in Sachen Wartbarkeit und Benutzerfreundlichkeit zu machen und mir deine Schätzung zu geben, wie lange die Umsetzung auf unserer Plattform für dich dauern würde, in Monaten, falls du entscheidest, dass dieses Paket verwendet werden sollte. Dieses Softwarepaket bezieht sich nur auf Multivariable Process Control und wurde als Source-Code an einen Kunden freigegeben. Wahrscheinlich können wir es kostenlos bekommen. Die Frage ist, „sollten wir?" Karl machte eine Pause, bevor er fortfuhr „Wie lange würde es dauern, eine vorläufige Einschätzung zu machen? "

„Wow", sagte Jan, als er durch die Software-Auflistung, die im Ordner enthalten war, blätterte. „Das ist ein riesiges Programm, aber ich wäre vielleicht in der Lage dir bis morgen Abend eine

Einschätzung zu geben." „Nein, das will ich nicht, Jan. Lege nicht zu viel Druck auf dich selbst. Sag es mir nächste Woche", sagte Karl.

Dienstagabend erhielt Karl einen Telefonanruf von Jan. „Hallo Karl, ich habe meine Bewertung der Software zusammengefasst. Ich werde sie dir morgen früh geben. Es sind mehrere Seiten. Da es mehr als ein Dutzend Fragen gab, habe ich meine Empfehlungen zu Beginn aufgelistet, zusammen mit einer groben Schätzung in Bezug auf deren Auswirkungen, z.B. Zeit für Ausführung, Effekte auf die Architektur usw. Insgesamt ist die Software gut strukturiert und von guter Qualität. Wir könnten sicherlich das meiste davon verwenden. Meine Schätzung ist, dass die Portierung auf unsere OS-Plattform etwa einen Monat dauern würde und dann zwei bis drei Monate für Integration und Test. Es ist sehr gut dokumentiert, so wäre eine manuelle Generierung keine große Anstrengung."

„Das klingt wirklich gut Jan, danke ", sagte Karl.

Mittwochnachmittag erschien Karl, mit Angebotskopien in der Hand, in Martins Büro. „Hallo Martin, hättest du einen Moment Zeit, um den Vorschlag für den AROBCO Advanced Control Wizard zu überprüfen?"

„Ja, sicher. Lasst es uns jetzt tun ", antwortete Martin. Karl ging durch die budgetierten Preise, das Anschreiben und Jans Bericht über die Software Bewertungen, usw. Sie verbrachten etwa eine Stunde, um verschiedene Teile zu diskutieren. Dann bemerkte Martin „Gut, dies ist sehr umfassend. Lasst uns dieses Projekt mit Volldampf verfolgen." „OK, ich werde Uwe Villaloberg morgen anrufen", antwortete Karl.

MICWIZ System mit Advanced Control Wizard (ACW) – Budgetierte Preise

Art#	Beschreibung
1	**Advanced Control Wizard (ACW) Modul** Model: ACW: A2-B1-C1-D1-E2-FX – TMR redundant 20 AI, 8 AO, 24 DI, 12 DO - 64 I/O Pt. auf eigensicherer Intelligenter Anschluss-Tafel Standard Funktionen plus ACW Firmware: - MPC - Multivariable Process Control - CLC - Constraint Limit Control - PCG - Process Configuration Genius
2	**Workbench Wizard Workstation** Model: WWW: A1-B1-C1-D1-EX Type: Desktop High-speed IBM kompatibler PC: - 17" monitor/keyboard/mouse - WWW System und Application Software Modul - Historical Storage und SOE - OPC Server - ACW Desktop Software Tool Set
3	**Review der bestehenden K-S Systeme** Zeit (geschätzt): 5 Tage „Field walk-down", 5 Tage Analyse.
4	**System Design und Konfiguration** (ohne Kosten für Anlage-Exkursionen, falls erforderlich)
5	**Dynamische Prozess-Simulierung** (Kunde soll Daten innerhalb 2 Wochen ARO liefern)
6	**Werks-Abnahme Test (FAT)** – 5 Tage (in MICGEN)
7	**Anlage-Abnahme Test (SAT)** – 5 Tage (ohne Reise- und Aufenthaltskosten)
8	**Inbetriebnahme & Start-Up Betreuung** – 2 Eng.10 Tage (ohne Reise- und Aufenthaltskosten)
9	**Standort Schulung** – 10 Tage (ohne Reise- und Aufenthaltskosten) **Gesamtsystem Netto-Preis**

Dateianhänge:
- Angebots Anschreiben
- Rechtliche Genehmigung der MPC-Software und Dokumentation von CAISTOS
- MICWIZ Advanced Control Wizard (ACW) Übersicht
- MICWIZ Process Application Guide
- MICGEN Allgemeine Geschäftsbedingungen
- MICGEN Standard vor Ort Service und Wartungskosten

Lieferzeit: Neun (9) Monate ARO (Nach Eingang der Bestellung)
Zahlungsbedingungen: 30% auf Bestellung; 40% nach Versand ab Werk; 30% Abschluss der Leistungen.

Am nächsten Morgen rief Karl Uwe in seinem Büro in England an. Uwe nahm nach dem ersten Läuten mit „Ja, hier spricht Uwe Villaloberg." ab.

„Uwe, ich bin es, Karl, wie geht es Ihnen? Sie baten mich, Sie bezüglich des Multivariable Process Controllers wieder anzurufen. Wir haben die Anwendung analysiert, und ich möchte Ihnen mitteilen, dass wir daran interessiert sind ", sagte Karl ".

„Großartig, können Sie mir bitte ein Angebot per E-Mail senden?", antwortete Uwe.

„Ja, natürlich, ich habe bereits ein Kostenangebot vorbereitet und kann Ihnen dieses sofort zuschicken, ist das OK?" antwortete Karl.

„Ja bitte. Ich hoffe, dass Sie es nicht zu Budget-mäßig gemacht haben. Ich muss ausreichende Details haben, um es meinem Chef präsentieren zu können ", sagte Uwe.

„Ich glaube, es wird Ihren Erwartungen genügen. Bitte rufen Sie mich an falls Sie Fragen haben", antwortete Karl.

„Wird gemacht. Werden Sie während der nächsten paar Stunden im Büro sein? ", fragte Uwe.

„Ja, ich werde in den ganzen Tag hier sein. Sollte ich nicht an meinem Schreibtisch sein, können Sie mich ausrufen lassen."

„OK, Sie werden bald von mir hören; bis später Karl " sagte Uwe und legte auf.

Als Karl die Angebots-Dokumente scannte und sie an Uwe mailte, klopfte Kurt Bingham an seiner Bürotür. Er ließ sie normalerweise offen, aber während Telefongesprächen mit Kunden schloss Karl in der Regel die Tür.

„Hallo Karl, haben Sie Zeit um über das neueste Controller-Board-Layout zu sprechen? Wir waren in der Lage, die erhöhte Speicherkapazität unterzubringen und haben auch einen neuen Kommunikations-Chip", sagte Kurt.

„Das ist super, " sagte Karl. „Können wir über das Layout hier in meinem Büro sprechen? Der Grund dafür ist, dass ich einen Anruf aus Übersee von einem Kunden erwarte."

„Ja, ich hole die Zeichnungen", sagte Kurt und kehrte mit einem Stapel von Dokumenten zurück. Er konnte auf Karls Gesichtsausdruck sehen, dass er nicht erwartete die ganzen Unterlagen zu überprüfen und sagte: „Es sind nur zwei Zeichnungen die ich mit Ihnen durchgehen möchte. Die anderen sind für meine Referenz."

„OK, lass es uns tun", sagte Karl.

Kurt erklärte Karl die wichtigsten Schaltungen und Komponenten und die Störsicherheitsmaßnahmen des elektronischen Designs, vor allem in der Prozess-I/O-Schaltung. Er beschrieb dann Einzelheiten des Prozessors, der Kommunikation und des Speichermanagements. Und als er spezifische Aspekte ansprach, wiederholte er den Vorteil der Single-Board-Architektur und der TMR Zuverlässigkeit.

„Ich bin beeindruckt", sagte Karl. "Und wie lange glauben Sie, wird es dauern, um ein paar Prototypen zu bekommen?"

„Ich würde etwa vier Monaten schätzen. Obwohl der Board-Hersteller drei Monate angeboten hat. Es gibt in der Regel einige Verzögerungen mit den Militär-Spezifikationen von I/O-Komponenten ", antwortete Kurt.

„OK, ich schätze sehr das Sie mich über alles auf dem Laufenden halten. Danke Kurt ", sagte Karl.

Es waren nicht fünf Minuten vergangen, nachdem Kurt Karls Büro verließ, als Uwe zurück rief. Karl hob sofort ab „Hallo Uwe, ich hoffe, dass alle Informationen enthalten waren, die Sie in der Ausschreibung erwarteten."

„Ja, es sieht sehr gut aus. Allerdings glaube ich, dass Ihre Schätzungen für Inbetriebnahme und Start-up-Unterstützungen zu niedrig sind. Aber, da Ihr Angebot die Tarife für Dienstleistungen enthält, kann ich die Anpassung vornehmen. Und, und ich werde auch die Ausbildung überprüfen. Vielleicht müssen wir dies verdoppeln da wir zwei getrennte Gruppen haben.

Ach ja, ich hätte fast vergessen, Ihr Angebot beschreibt Constraint Limit Control und Prozesskonfiguration Genius. Existieren diese Funktionen schon? " fragte Uwe und fuhr fort „Auch, in Bezug auf die Lieferzeit, Ihr Angebot geht von neun Monaten aus. Dies ist in unserem neuen Geschäftsjahr. Gibt es eine Möglichkeit das zu beschleunigen? "

„Lassen Sie mich erstens die Constraint Limit Control und die Prozesskonfiguration ansprechen. Diese Funktionen gibt es bereits in vereinfachter Form in unserem neuen System. Dann über die Lieferung, wir könnten vielleicht in sieben Monaten liefern, aber wie Sie wissen, Uwe, gibt es oft unvorhergesehene Verzögerungen. Es wäre besser, wenn wir die Lieferung bei neun Monaten belassen", antwortete Karl.

„OK, Karl, Ich hoffe, dass ich dies genehmigt bekomme. Ich sollte in der Lage sein, Sie nächste Woche wissen zu lassen, wie sich die Situation hier entwickelt", sagte Uwe.

„Ich freue mich dann von Ihnen zu hören", sagte Karl und sie beendeten das Gespräch.

Da ein Advanced Control Wizard Auftrag in greifbare Nähe rückte, musste sich Karl auf seine Benutzerbeschreibung für typische Kompressions- und Trennprozesse auf der Produktionsplattform konzentrieren. Es war notwendig, dass er Jan diese Informationen für Funktionstestzwecke bereitstellte. Nach dem Telefongespräch mit Uwe, setzte er seine Arbeit fort. Die Beschäftigung mit der Benutzerbeschreibung dauerte nicht lange, da er einen Anruf von Ella Alexander erhielt. „Karl, haben Sie das Treffen wegen der Krankenversicherung vergessen?", sagte sie.

„Oh tut mir leid. Ich werde gleich da sein ", antwortete Karl und ging zum Konferenzraum. Es gab nur noch Stehplätze; alle, außer Martin, schienen da zu sein. Luis Jacksens, MICGEN CFO, eröffnete die Sitzung mit einem Überblick über die verschiedenen Möglichkeiten des Versicherungsschutzes. Der neue Versicherungsanbieter gab dann seine PowerPoint-Präsentation. Die gesamte Veranstaltung, einschließlich der Fragen und Antworten, dauerte mehr als eine Stunde und Karl schaute andauernd auf seine Uhr.

Als alle den Konferenzraum verließen, wandte sich Peter an Karl und bemerkte „Wir sind hier ständig am Neuverhandeln, was für eine Zeitverschwendung. Hätten Sie einen Moment Zeit, Karl?"

Nachverhandlung mit Lieferanten

„Ja, natürlich. Lass uns in mein Büro gehen.", antwortet Karl. Und Peter sagte „Ich hörte, dass wir mit dem Komponenteneinkauf für den neuen Controller voran gehen und möchte Sie darauf aufmerksam machen, dass es eine Flut von Nachverhandlungen mit Lieferanten gibt, um reduzierte Preise zu erhalten. Man brachte alle Anbieter, die für das Sicherheitssystem-Projekt und den neuen Controller Angebote machten, in den Konferenzraum, und teilte ihnen mit, dass sie die Preise reduzieren müssten. Ich verstehe, dass man ein paar Prozent einsparen kann, aber es wurde ein Chaos mit alternativen Komponentendaten verursacht, was jetzt zu Lieferschwierigkeiten führt."

„Oh, ist das einer der Gründe für Johann Kramos Problem mit dem Projektzeitplan? " fragte Karl.

„Ja, vielleicht der Hauptgrund. Aber die wirkliche Sorge sollte die Qualität sein. All diese Austauschteilprobleme könnten zu einem minderwertigen Produktergebnis führen ", antwortete Peter und setzte fort, „Ali Murrell, unser Einkaufsmann, argumentiert oft dass die meisten Verträge nicht in Stein gemeißelt sind und hat mit Lieferanten, Vermietern, Versicherungen und dergleichen, Neuverhandlung begonnen. Während oberflächlich betrachtet dies vielleicht ein paar Euro einspart, muss man realistisch angesehen Lieferzeit und Qualitätsprobleme in Betracht ziehen, wodurch diese laufenden Verhandlungen uns mit dem AROBCO Projekt in eine schwierige Situation führen könnten."

„Wer steckt denn da dahinter? Ist es nur Ali Murrell der versucht, etwas Geld zu einzusparen?" fragte Karl.

„Nein, Ali macht eigentlich oft Bemerkungen, dass diese Neuverhandlungen viel zusätzlichen Aufwand für ihn verursachen.

Es ist Luis Jacksens, unser CFO, und David Freetman, die hinter all diesen ständigen Verhandlungen stecken ", sagte Peter.

„David Freetman? Wer ist das? ", fragte Karl.

„Sie kennen Freetman nicht; er ist unser Hauptinvestor ", sagte Peter. „Er mischt sich bei allem ein, sogar bei Büromaterial."

„Vielen Dank für die Info. Ich behandele es vertraulich ", sagte Karl.

„Gern geschehen", antwortet Peter und ging zurück in sein Büro.

Karl lehnte sich im Stuhl zurück und sagte zu sich selbst: „Ich bin so auf dieses Anwendungshandbuch konzentriert, dass mir wichtige firmeninterne Probleme nicht bewusst sind." Er bezog sich auch jetzt auf Martins Kommentar, nach dem Freitag-Mittagessen, betreffend Bedingungen und Nachverhandlungen mit AROBCO. Er wusste, dass ein Neuverhandeln von festen Verträgen nie einfach ist und es könnten darunter auch Geschäftsbeziehungen leiden. Vor den Verhandlungen musste man die Auswirkungen beurteilen, die eine solche Aktion für die künftigen Aufträge des Kunden haben könnte. In AROBCOs Fall könnte dies das Überleben von MICGEN bedrohen. „Hat Freetman dies in Betracht gezogen?" fragte sich Karl. Er will mit Martin sprechen und ging in sein Büro, nur um von Ella zu erfahren, dass Martin Downtown in einer Konferenz mit David Freetman war. Er bat sie, Martin mitzuteilen, dass er mit ihm sprechen möchte, wenn er von dem Treffen zurückkommt.

Am Nachmittag blickte Martin in Karls Büro und sagte „Karl, du wolltest mich sehen."

„Ja, Martin, hättest du eine Minute Zeit?", fragte Karl.

„Sicher, jederzeit" antwortete Martin.

145

„Ich bin besorgt über unsere Situation mit dem CAISTOS-Sicherheits-System-Vertrag. Es bezieht sich nicht auf die Aufgaben von meinem Team." sagte Karl und fuhr fort „Du könntest also sagen oder denken ‚dies ist nicht deine Sache Karl', aber die möglichen Verzögerungen aufgrund von Nachverhandlungen, Preis Debatten über alternative Komponenten wirken sich nicht nur auf Liefertermine aus, sie können auch die Qualität beeinflussen. Und am vergangenen Freitag hattest du etwas über die Neuverhandlung der Bedingungen mit AROBCO erwähnt. All dies hat mich beunruhigt, weil, während Neuverhandlung eine Strategie sein kann um Kosten für die Komponenten zu senken und Zahlungsbedingungen zu ändern und im Fall von AROBCO kann dies die neue Controller Testinstallation und auch das neue Steuerungssystem Angebot beeinflussen. Ich hoffe es versteht jeder, dass wir Schwierigkeiten bekommen, wenn wir die Geschäftsbeziehung mit unseren wichtigsten Kunden stören und hoffentlich erfährt Uwe Villaloberg nichts davon."

„Ich stimme dir völlig zu. Wir nehmen hohe Risiken auf uns und ich streite mit David Freetman über dieses Thema. Glaube mir, ich bin mir bewusst, dass unsere Beziehung zu AROBCO mehr Wert ist als die Risiken, die wir mit diesen Neuverhandlungen eingehen, aber es ist schwierig dies David zu vermitteln ", sagte Martin und setzte fort „wenn es um Geld geht, ist David Freetman eine harte Nuss. Aber bisher lenkte er immer ein und ich glaube, dass wir es auch diesmal schaffen können."

„Tut mir Leid, dich mit dies allem gestört zu haben, Martin", sagte Karl.

„Das ist OK, Karl. Glaube mir, ich schätze es sehr, dass du mir deine Probleme offen und direkt mitteilst. Zögere nicht, mich anzurufen" sagte Martin und verlies Karls Büro.

Karl war auf den Weg das Büro zu verlassen, als Monika, mit Broschüren in der Hand eintrat und sagte „Hallo Karl. Ich weiß, es ist spät, aber hätten Sie noch ein paar Minuten Zeit?"

„Sicher Monika, was haben Sie denn da?", sagte Karl auf die Hefte zeigend. „Nun, das ist Ihre Broschüre", sagte sie und legte die Blätter auf Karls Schreibtisch.

„Wow, wo haben Sie denn das Bild von unserem neuen Controller her? Das sieht gut aus ", sagte Karl.

„Wir haben es von Kurts Fertigungszeichnungen erstellt. Ja, es sieht wirklich echt aus, oder?", sagte Monika.

„Man kann kaum glauben, was mit den heutigen Grafik-Design-Tools alles möglich ist", kommentierte Karl und starrte mit offenem Mund auf das Cover.

„Wir haben den Inhalt der Broschüre nicht geändert, nur die Fotos", sagte Monika und setzte fort „Hier ist unsere Unternehmensbroschüre. Ich glaube, dass die Information nun besser rüber kommt. Ich analysierte die Literatur der Konkurrenz und bin der Ansicht, dass wir aus Sicht des Lesers ein gutes Format haben."

„Geben Sie mir etwa zehn Minuten, um dies durchzusehen", sagte Karl. „Sicher, ich werde mir eine Tasse Kaffee besorgen, möchten Sie auch etwas?", fragte Monika.

„Nein, danke", antwortete Karl, als er durch die Seiten blätterte.

Es war offensichtlich, dass Monika sich auf Anwendungslösungen konzentrierte. Sie führte die Vorteile der Lösungen ansprechend auf. Die Vorderseite war auch sehr professionell - Fotos und alles, mit Aussagen die zum Nachdenkenanregen, die einen Leser motivieren, die Broschüre zu öffnen. Karl war beeindruckt und als Monika zurückkehrte, sagte er „mein Kompliment, das ist eine erstklassige Broschüre."

„Danke, Karl, Ich habe viele Stunden und mehrere Wochenenden verbracht um zu versuchen, die Art unseres neuen Geschäfts zu verstehen, die Fragen die die Leser haben werden und wie man sie beantworten soll, so dass sie unser Unternehmen ernsthaft betrachten. Ich habe das auf unserer Firmen Broschüre, in der Powerpoint-Präsentation und auf unserer Website, angewendet ", sagte Monika.

„Ich bin beeindruckt", sagte Karl und fuhr fort „Jetzt lasst uns Tim überzeugen, um in einen professionellen Druck zu investieren. Ja, Drucker im Büro machen einen guten Job, aber sie sind nicht so gut wie eine Broschüre aus einer echten Druckerei, und ein Leser kann den Unterschied erkennen. Wir sollten ein schweres Papier wählen, das sich in den Händen der Leser gut anfühlt."

„Einverstanden, Karl. Und die Druckkosten sind niedriger als früher ", sagte Monika.

„OK, das ist eine ausgezeichnete Broschüre. Ich wünsche Ihnen einen guten Abend ", sagte Karl.

„Danke", sagte Monika und verließ Karls Büro.

Karl hatte noch nichts von Uwe Villaloberg gehört und es war schon Freitagmorgen. Er war besorgt. Als er gerade zum

Mittagessen gehen wollte, kam eine E-Mail von Uwe mit der Nachricht, dass der Auftrag nächste Woche versandt wird und er bat Karl ihn gegen 19:00 Uhr, Uwes Zeit, anzurufen. Karl nahm ein schnelles Mittagessen und kehrte ins Büro zurück, um Uwe zu Hause anzurufen. Niemand nahm ab, so dass sich der Anrufbeantworter einschaltete. Karl hinterließ eine Nachricht, dass er in zehn Minuten zurückrufen würde.

Als er es ein zweites Mal versuchte, hob Uwe sofort ab und antwortete „Hallo, Karl. Es tut mir leid dass ich Ihren Anruf verfehlte, aber ich war für fünf Minuten draußen, um mit meinem Nachbarn zu reden. Wie auch immer, ich muss mit Ihnen über den Auftrag sprechen."

„Bitte, fahren Sie fort ", erwiderte Karl. „Erstens, würde ich es vorziehen, dass der Auftrag direkt an Sie weitergeleitet wird, anstatt an Ihre Einkaufsabteilung, so dass sie sofort Bescheid wissen, wenn sich betreffend des Auftrags Fragen ergeben sollten; Ist das OK? ", fragte Uwe.

„Klar, kein Problem", antwortete Karl.

„Zweitens veränderte unsere Einkaufsabteilung ihre (MICGEN) Geschäftsbedingungen (T & C) in unsrige Bedingungen. Sie teilten mir mit, dass Ihr Unternehmen mit unseren Bestimmungen vertraut sei. Ach, und die Lieferung und die Zahlungsbedingungen sind entsprechend Ihrem Angebot belassen worden ", sagte Uwe.

„Ja, in Anbetracht der Zahl der Sicherheitssystem-Projekte die wir an Sie geliefert haben, sollten wir mit euren Bedingungen und Anforderungen vertraut sein ", antwortete Karl.

Und Uwe fuhr fort „Drittens, der Gesamtpreis berücksichtigt die Erhöhung der Kundendienst- und Trainingsstunden; Ich habe den Site-Acceptance-Test (SAT) auf 10 Tage, den Außendienst auf 30

Tage und die Ausbildung auf 20 Tage geändert. Mir ist klar, dass der MPC nicht vollständig erprobt ist, aber dies sollte uns genügend Zeit geben. Ich will keine Bestellungsänderungen die mein Budget durcheinander bringen, hören Sie?"

„Ja, ich verstehe Uwe" antwortete Karl.

„OK, Sie sollten den Auftrag mit dem Zeichnungs-Paket, das gleiche das Sie wahrscheinlich bereits haben, und die Festplatte mit dem Source-Code, in der nächsten Woche erhalten." sagte Uwe.

„Hervorragend! Vielen Dank, Uwe. ", sagte Karl. „Ich weiß dass ich mich auf Sie verlassen kann und freue mich auf die erneute Zusammenarbeit mit Ihnen", sagte Uwe.

„Ganz meinerseits, und nochmals vielen Dank", antwortete Karl und sie legten auf.

Karl, ging sofort zu Martins Büro um ihm die gute Nachricht zu geben. „Martin, ich habe gerade ein Gespräch mit Uwe Villaloberg beendet. Wir werden nächste Woche den Auftrag für das neue System erhalten" kündigte Karl an.

„Das ist großartig!", antwortete Martin mit Begeisterung „Ohne das AROBCO davon überzeugt war, dass das Steuergerät existiert und zumindest im Werk getestet wurde, hatte ich nicht erwartet, diese Bestellung zu erhalten. Es ist immer noch schwer zu glauben, auch wenn du vor ein paar Tagen angedeutet hast, dass sie einen Auftrag (PO) platzieren werden. Dein Kumpel Uwe muss viel Einfluss haben."

„Es gibt ein paar Dinge, die ich mit dir überprüfen muss. Sie veränderten die Geschäftsbedingungen von den unsrigen zu ihren ", sagte Karl. „OK, ich erwartete das. Und die Zahlungsbedingungen? ", fragte Martin.

„Sie beließen die Zahlungsbedingungen und die Lieferzeit entsprechend unserem Angebot", antwortete Karl und fuhr fort „Uwe hat 35 Tage für Außendienst hinzugefügt, das sollte unsere Gewinnmarge auf über 50% verbessern. Berücksichtigt man, dass wir Jans Entwicklungszeit und auch Kurts und Jans Test-Zeit des neuen Produkts, in diesem Auftrag auffangen können, hoffe ich, dass du mir erlaubst, Kurts Arbeit bei der Herstellung der Hardware zur höchsten Priorität zu machen ", betonte Karl.

„Ja, du bist sein Chef. Aber ich weiß, was du meinst, ich werde Johann Kramo informieren ", antwortete Martin.

„Oh, und ich hätte fast vergessen, ich musste Uwe versprechen, dass es keine Änderungsaufträge bei diesem Job geben wird." gibt Karl vor. „Nun, es ist dein Projekt", antwortete Martin. „Sorry, Martin, ich sagte dies mit Rücksicht auf das, worüber wir vor kurzem sprachen, ich meine Neuverhandlungen", sagte Karl.

„OK, ich verstehe. Ich werde sicherstellen, dass Ali Murrell seine Kaufanweisungen für die Teile des neuen Controllers direkt von dir oder von Kurt bekommt " antwortete Martin.

„Das wird Überraschungen bei der Lieferzeit verringern. Danke Martin ", sagte Karl.

„Nun Karl, falls du für heute Abend keine Pläne hast, schlage ich vor, dass wir einen Drink nehmen, um dies zu feiern. Komm lass uns jetzt gehen. Es ist fast 17.00 Uhr ", sagte Martin.

Sie gingen wieder zum italienischen Restaurant, Martins Lieblingskneipe. Sie sprachen über David Freetman, und Martin bemerkte „Ich kämpfe diese Auseinandersetzung schon über eineinhalb Jahre. Dein Projekt sollte eigentlich helfen, aber ich weiß nicht, ob dieser Mann jemals zufrieden sein wird."

Montagmorgen erhielt Karl eine E-Mail von AROBCO mit Bestellnummer und Fed-Ex Tracking-Nummer, mit der Mitteilung, dass der Auftrag voraussichtlich mit Fed-Ex am Dienstag ausgeliefert wird. Die Beilage enthielt eine PDF-Kopie des Angebots und das Preisgestaltungsblatt mit den geänderten Servicetagen und die überarbeitete Euro-Summe. „Das ist der richtige Weg, einen Tag zu beginnen" sagte Karl zu sich selbst. Es war einer dieser Tage, an dem alles zu stimmen schien. Kurt zeigte ihm das aktualisierte Angebot-des Platinen-Herstellers, das besagte, dass sie fünf Prototypen sofort in ihrem Zeitplan aufnehmen könnten. Jan kam in sein Büro um ihn zu informieren, dass er die Grenzwertfunktion getestet habe und sogar Johann Kramo kam in sein Büro, um ihm zu erzählen, dass der Auftragszeitplan wieder in Ordnung sei. Karl war nicht sicher, warum Johann ihn informierte, aber vielleicht war das nur einer von diesen ungewöhnlichen Montagen. Und als Martin das Büro betrat, fragte er mit einem freudestrahlenden Blick: „Bringst du mir auch gute Nachrichten, Karl?" „Ja, tue ich. Hier ist die E-Mail von AROBCO mit der Auftragsnummer und dem überarbeiteten Betrag, insgesamt €379.200. ", erwiderte Karl.

„Nun, lass uns die Show starten. Teil Kurt mit dass er die Prototypen bestellen kann und sage ihm, falls Ali oder Luis ihm Schwierigkeiten betreffs Preisgestaltung machen, so sollen sie mich persönlich ansprechen " antwortete Martin.

„Danke Martin", sagte Karl und kehrte in sein Büro zurück und dachte, dass nach einem solchen Tag irgendein Magier seinen Application Guide fertig stellen sollte. Als er das Dokument öffnete war es im selben Zustand wie letzten Donnerstag. Wie auch immer, er musste seine Prioritäten den Aufgaben des neuen Systemauftrags anpassen. Er verbrachte den Rest des Tages um sich wieder mit den MPC-Dokumenten vertraut zu machen.

Am Dienstag gegen 10:00 Uhr befand sich das Fed-Ex-Paket, mit allen Dokumenten des Angebots und der CD mit dem Source-Code auf Karls Schreibtisch. Er verglich die Dokumente im Paket mit seinen und stellte fest, dass einige von ihnen ältere Versionen waren. Seine Bedenken, dass AROBCO ein veraltetes Dokumentationspaket gesandt hatte wurden jedoch minimiert, als er feststellte, dass die Software Versionen sich glichen. Er erinnerte sich gut, dass er einer der letzten Auftragnehmer war, die die CAISTOS Baustelle verließen und höchstwahrscheinlich wurden nicht alle Updates dem Kunden übermittelt. Daher entschied er, Uwe nicht zur Klärung zu kontaktieren. Alles schien komplett. So bestätigte er den Erhalt des Pakets und die Annahme der Bestellung an die AROBCO Einkaufsabteilung.

Er brachte das Paket, mit Ausnahme der CD, zu Ali Murrell und bat ihn, die Bestellung einzutragen, aber mit sechs Monaten Lieferfrist, anstatt der neun Monate die auf dem Auftrag angeführt waren. „Was muss ich tun, außer des Einbuchens des Auftrags?" fragte Ali.

„Kurt wird sich morgen mit Ihnen über die Geräte unterhalten", antwortete Karl und fuhr fort „In Bezug auf die Komponentenauswahl befolgen wir strikt Kurts Spezifikationen. Keine Alternativen, OK."

Dann ging er zu Jans Büro und sagte: „Volle Kraft voraus betreffs AROBCO. Wir haben den Auftrag, hier ist der Source-Code " und er überreichte Jan die CD. „Ich arbeite bereits daran", antwortete Jan. „wäre Freitag ein guter Zeitpunkt für uns, um die Funktionsdetails durchzugehen?" fragte Karl.

„Ja, nur um sicherzugehen, dass wir auf der gleichen Wellenlänge sind", sagte Jan. „Ist 9.00 Uhr OK?" fragte Karl. „Sicher", sagte Jan.

Seine letzte Station auf dieser Auftragstour war Kurt. „Kurt, Sie hatten mir das Angebot des Unternehmens für die Herstellung der Platinen präsentiert. Nun erhielten wir den offiziellen Auftrag für den neuen Controller von AROBCO. Wann würden Sie in der Lage sein, den Auftrag für die Prototypen frei zu geben?"

„Ich warte, bis Ali die Preisgestaltung der alternativen Komponenten erhält. Er meint, dass wir 6-8 % sparen können, aber ich bin besorgt bzgl. der Toleranzen gemäß Spezifikation, Liefertermine, Lieferantenqualität, etc.", sagte Kurt.

„Ich habe gerade Ali mitgeteilt, sich strikt nach Ihren Spezifikationen zu richten, keine Alternativen."

„Super! Das wird eine Menge Ärger sparen. Vielen Dank Karl", antwortete Kurt.

„Falls Ali oder Luis Ihnen Schwierigkeiten bereiten, wenden sie sich bitte an Martin", sagte Karl.

Karl beendete diese zwei Tage mit einem gewissen Gefühl der Zufriedenheit und als er nach seinem Gespräch mit Kurt ins Büro zurückkehrte, entspannte er sich. Er fand, dass sein Können und seine Fähigkeiten, gut mit seiner Gruppe zu arbeiten, für das Unternehmen erfolgreich waren. Seine guten Kundenbeziehungen zahlten sich aus. Und seine langen Arbeitszeiten resultierten in Produktivität. Er glaubte nicht an die Umfragen, welche zeigten, dass über 40 Stunden pro Woche Arbeit, die Leistungsfähigkeit reduzieren würde.

Karl stand früh am Morgen auf. Er nutzte die Zeit, um einen Überblick über die Nachrichten auf seinem PC zu bekommen, seine In-Box zu lesen, seinen Kalender zu organisieren, und einige kleine Arbeitsaufgaben auszuführen, die er vom Tisch haben wollte, bevor er seinen arbeitsreichen Tag begann. Es waren normalerweise die produktivsten Minuten seines Tages.

Der Zuschlag des AROBCO Esmix Kompression-Regelung Projekts hatte Karl zum Mittelpunkt der Aufmerksamkeit bei MICGEN gemacht. Vielleicht waren einige der Leute von Martins-Strategie, die Firma für Sicherheitssysteme zu einem Unternehmen für Control Solutions auszubauen, nicht überzeugt. Aber jetzt sahen sie, dass das neue Produkt sich tatsächlich verkaufte. Er machte es möglich. Er schuf das Produkt. In der Praxis war die Hardware bereits größtenteils entwickelt. Nur die Software war neu.

Kurz nach 9.00 Uhr, bat Luis Jacksens, der Finanzchef (CFO), sich mit Karl zu treffen. Luis war Gerüchten zufolge ein enger Freund von David Freetman, dem Mehrheitseigentümer von MICGEN. Er wollte wissen, wie Karl die Gewinnspanne dieses Projekts berechnete. Karl teilte Luis mit, dass er dies schon mit Martin besprochen hätte, aber dass er die Erklärung für seine Berechnungen auch gern wiederholen könne. Wegen der vielen Fragen von Luis, verbrachten sie fast eine Stunde, um die Details des Bruttogewinns zu-analysieren. Die Fragen deuteten darauf hin, dass Martin bereits Karls Gewinn-Aufschlüsselung weitergeleitet hatte, obwohl Luis ihm mitteilte, dass er keine Info davon hatte. Luis schien mit Karls Erklärung zum Rohertrag zufrieden zu sein.

Es war nicht nur dieses Treffen, sondern auch Luis's Kommentare bei allen anderen Zusammenkünften, die Karl davon überzeugten, dass Luis kein CFO war, sondern das stereotyp Bild eines Buchhalters abgab, jemanden, der vorsichtig, risiko-scheu, detailliert, konservativ, sogar humorlos und langweilig war. Für Karl war ein CFO erstens ein Geschäftsmann und zweitens ein Buchhalter - jemand, der sich auf strategische Business-Themen konzentrierte und sich nicht nur um Bilanzen kümmerte. Und bei MICGEN war das wirklich nur Martin – er war der CEO und CFO. Soweit es Karl betraf, war Luis der Hauptbuchhalter und der Link zu David Freetman.

Kurz vor Mittag trat David Freetman in Karls Büro und sagte: „Hallo Karl, es freut mich, Sie endlich kennen zu lernen. Ich habe gehört dass wir ein nettes kleines Projekt von AROBCO erhalten haben. Herzlichen Glückwunsch!"

„Danke", antwortete Karl und setzte fort „es waren einige Stunden notwendig dies zu realisieren, nicht nur von mir, sondern auch von anderen."

„Von dem, was ich gehört habe, scheint es ein Projekt zu sein, das als Grundstein für die Erweiterung des Unternehmens dienen könnte", sagte Freetman.

„Ja, es wird uns die Möglichkeit geben, in dem Markt für Regelungssysteme schneller zu expandieren, aber viel wurde hier schon vor der Vergabe dieses Auftrags angefangen", antwortete Karl.

„Leider muss ich jetzt gehen, aber ich würde Sie gerne zum Mittagessen einladen, sagen wir Freitag?", fragte Freetman in seiner ungezwungenen Art und Weise.

„Natürlich, wo kann ich sie treffen?", fragte Karl. „Wie wäre es in der Innenstadt, bei Brennans? Es ist in der Nähe von meinem Büro. Sagen wir, 13.30 Uhr ", sagte Freetman und verließ Karls Büro.

Karl wollte sofort Martin sehen, um ihm von Freetmans Einladung zu erzählen; wurde aber von Ella informiert, dass Martin, bis Donnerstag außer Hause sei. Als Karl Ella fragte, wo Martin sei, sagte sie, dass er in Boston ist. „Irgendetwas stimmt nicht", sagte sich Karl, Martin informierte ihn immer über seine Reisen.

Als Karl am Donnerstagmorgen bei Martins Büro vorbei ging, rief ihm Martin zu „Karl kannst du einen Moment hereinkommen, und schließe bitte die Tür hinter dir." Martin hatte einen ernsten Gesichtsausdruck und sagte „ich sehe die Notwendigkeit, dass ich meine Karriere weiter entwickeln muss und habe einen guten nächsten Schritt gefunden." Er fuhr fort „unsere Arbeitsbeziehung zu beenden ist ein emotionales und sensibles Erlebnis. Es hat sich über etliche Tage entwickelt, nicht über Stunden. Ich habe die Erkenntnis gewonnen, dass sich die Dinge mit David Freetman nicht ändern werden und dass ich einen neuen Weg beschreiten muss."

Karl schaute verwirrt aus, als ob er nicht glauben konnte was er da gerade hörte, und sagte. „Martin, das ist für mich eine große Hürde, ich trat diesem Unternehmen vor allem deinetwegen bei. Wohin gehst du denn?"

„Ich teile es dir heute Nachmittag mit, aber zu deiner Information, ich gehe nicht zu einem Konkurrenten. Es tut mir leid, dass ich dich mit all dem überraschen muss. Wir sehen uns heute Nachmittag, und bitte dies ist vertraulich. Nur du und Ella wisst darüber ", sagte Martin.

Karl ging in sein Büro, setzte sich hin und atmete tief durch. Allzu oft war er nicht auf die Zeichen eines bevorstehenden Problems aufmerksam geworden. Er wird bis heute Nachmittag warten müssen, um mehr Details zu erfahren. Jetzt versteht er die Einladung zum Mittagessen von David Freetman.

Um 16:00 Uhr rief Martin an und bat Karl, in sein Büro zu kommen. Er sagte „Ich habe eine Liste vorbereitet was ansteht. Karl, du hast meine private Telefonnummer. Ich stehe für Fragen zur Verfügung. Ich habe meine Gefühle für die Mitarbeiter in Betracht gezogen und kam zu dem Entschluss, es ist am besten, ihnen auszurichten, dass ich eine Auszeit aus persönlichen Gründen nehme und dass du für die Firma verantwortlich bist, bis ich zurückkomme. Ich habe das heute Morgen mit David geklärt. Ich habe bereits Ella darauf hingewiesen. Sie ist gut im Umgang mit persönlichen Situationen. Ella hat auch meine neuen Kontaktdaten."

Karl hatte diese Austrittsart von Martin nicht erwartet, und unterbrach „Martin, du willst doch nicht sagen, dass du uns jetzt auf der Stelle verlässt?" „Ja, ich werde" sagte Martin und setzte fort, „aber lass dir einige Ratschläge über David geben, damit du weißt, was du zu erwarten hast." Er pausierte und fuhr dann fort.

„Erstens, die persönlichen Erwägungen Davids: Lass mich versuchen, dir das zu erklären; dein früherer Chef, Sam Widmann von SONARES, war ein Hands-off-Typ. Nun, David ist das Gegenteil, ein Mikromanager in finanziellen Angelegenheiten, der darauf besteht, das alles auf seine Weise durchgeführt werden muss; das wird ein wenig schwieriger. Mikromanagement ist ein ernstes

Problem, was entweder aus einem Mangel an Vertrauen oder an dem Bedürfnis der Kontrolle resultiert. Ich habe mit ihm seit vielen Jahren gearbeitet und ich bin immer noch nicht sicher, was es ist.

Zweitens, Davids Pläne für MICGEN: Du sollst wissen, dass er mit unseren Konkurrenten über den Wert dieses Unternehmens gesprochen hat. Er weiß, dass sie noch immer unter dem Verlust des Jobs für das CAISTOS Onshore Safety System leiden und jetzt benützt er dein Projekt, um unser Potenzial auf dem Gebiet der Automation zu unterstreichen. Aber keine Sorge, das Unternehmen ist nicht in der finanziellen Lage, eine Akquisition zu machen. David ist jedoch auch mit einer großen ausländischen Firma im Gespräch. Ich bin nicht sicher, was die Möglichkeiten mit dieser Firma sind. Ich hoffe, dass du dies alles vertraulich behandelst."

„Nun lass mich über Ella Alexander berichten, denn sie kann der Schlüssel zu deinem Erfolg hier sein", fuhr Martin fort. „Ich würde sie auf diese Weise beschreiben: Als Assistentin beherrscht sie Office-Kenntnisse und die Fähigkeit, Verantwortung ohne direkte Aufsicht zu übernehmen. Sie zeigt Initiative, übt Urteil und trifft Entscheidungen im Rahmen ihrer Autorität. Auch, wenn man bedenkt, dass sie in der Regel die erste ist, die über viele vertrauliche Entwicklungen über Office-Mitarbeiter und Unternehmensrichtlinien Bescheid weiß, muss ich dir sagen, ihre Diskretion ist etwas Besonderes. Außerdem erkannte sie meine Schwächen, und sie wird in kürzester Zeit auch deine Schwächen erkennen, und wird sie niemanden verraten. Sie entlastete mich von Büro Details, z. B. Koordination der zukünftigen Aktivitäten. Sie ist eine gute Public Relations Person. Ich bin sicher, dass du Ellas Talente schätzen wirst."

Dann schloss Martin mit den Worten: „Lass uns in Kontakt bleiben, und Karl, du kannst sicher sein, dass du in meinem Netzwerk bleiben wirst. Nun möchte ich auf Wiedersehen sagen." Sie schüttelten sich die Hände und Martin ging weg. Während Karl sicher war, dass er von Martin bald hören würde, fühlte er tiefe Trauer. Er hatte Martins eiligen Abschied und die Beendigung dieser engen Beziehung nicht erwartet. Er ging in sein Büro, nahm seinen Aktenkoffer und fuhr nach Hause, sodass die Leute seine traurige Miene nicht sehen würden.

Karl konnte sich zu Hause nicht entspannen. Viele Dinge gingen durch seinen Kopf: Die Übernahme von einem Job, der durch einen leistungsstarken und guten Manager wie Martin begleitet war, wird sicherlich eine Herausforderung bleiben. Die Mitarbeiter könnten Schwierigkeiten haben, die Änderung zu akzeptieren oder ihre Loyalitäten zu wechseln. Sie könnten seine Fähigkeit bezweifeln, oder sogar versuchen, seine Bemühungen zu sabotieren. Karl war aber entschlossen seinen Führungsstil nicht zu ändern. Er war darauf bedacht, seine eigene Person zu sein. Er wollte nicht als Nachahmer Martins gesehen werden, aber er wollte auch nicht übermäßig zuversichtlich wirken. Er vertraute darauf, dass er in einer Weise, die authentisch wäre, seine eigenen Stärken und seine Fähigkeiten kommunizieren könnte. Und einer seiner Stärken in Bezug auf die Beziehung mit anderen in schwierigen Situationen war es, ihnen zu sagen: „Schaut, ich bin kein Genie, aber ich weiß, dass wir dieses Problem lösen können". Karl wusste, dass die Leute Vertrauen in Martin hatten. Wenn er übernimmt, könnten sie ängstlich werden, weil sie nicht sicher sind, was passieren wird. Sie werden sich wahrscheinlich über den Managementwechsel im Unternehmen große Sorgen machen.

Am nächsten Tag, am Freitag, war er um 6:00 Uhr im Büro, und als er sich setzte, warf er einen Blick auf das Sprichwort das er an der Wand aufgehängt hatte, das besagte: „Wenn Dinge immer einfacher werden, gleitest du vielleicht bergab." Das war eine Ansicht, auf die Karl achtete und er hängte dieses Schild so auf, dass es andere sehen konnten. Dann sagte er zu sich selbst: „Es war Martins Idee. Er hatte Vertrauen in mich. Er hat mich anstelle von jemand anderem gewählt, hier für ihn zu übernehmen, obwohl ich nur für kurze Zeit hier gewesen bin".

Karl reißt sich zusammen und denkt: „Es wird nicht leicht sein in Martins Fußstapfen zu treten. Ich weiß, dass ich das Vertrauen und die Zustimmung der Mitarbeiter gewinnen kann. Es hat mit meinem F & E-Team funktioniert." Er wird die Teams rund um die neue Aufgabe zur Bereitstellung von Systemgesamtlösungen mobilisieren; er kennt dieses Geschäft gut, und er glaubt, dass dies eine gute Basis zur Zusammenarbeit bietet. Er will sicherlich nicht dass die Leute in den Rückspiegel schauen; er will, dass sie sich auf die Zukunft konzentrieren. Karl weiß auch, dass die größte Herausforderung für ihn sein wird, die Erwartungen der Kunden zu erfüllen. Die Kundenloyalität zu gewinnen ist schwieriger als ein Team zu überzeugen, weil er nicht den täglichen Kontakt hat, um Fortschritte zu machen. Der Schlüssel ist, wirklich zu verstehen, was sie an Martin geschätzt haben und für das, glaubt er, kann Ella ihm helfen. Er wird ein Treffen zwischen ihnen arrangieren und sie darüber reden lassen, was Martin getan hat, um ein Star in ihren Augen zu sein.

Als Karl aus dem Fenster schaute, sah er Ellas Auto auf den Parkplatz ankommen. Er wartete zehn Minuten bevor er ihr Büro betrat und begrüßte sie mit „Guten Morgen, Ella." Sie hatte gerötete Augen und sah, dass Karl sie anblickte.

„Guten Morgen, Karl, ich konnte letzte Nacht nicht schlafen", sagte sie.

„Ich habe auch nicht gut geschlafen" sagte Karl und machte eine Pause, bevor er fortfuhr. „Martin sprach sehr positiv über Sie, ich bin also zuversichtlich, dass wir es schaffen werden."

„Danke für das Vertrauen" antwortete Ella und schaute auf die Liste, die Martin hinterließ.

„Ich habe eine Kopie derselben Liste. Lassen Sie uns diese heute Nachmittag durchgehen" sagte Karl.

„Ah, Karl, vergessen Sie nicht, dass Sie ein Treffen mit David Freetman um 13:30 Uhr zum Mittagessen haben. Wenn Sie irgendeine Gewinnermittlung oder andere Finanzunterlagen haben, bitte nehmen Sie sie mit, es kann helfen. David ist detailorientiert ", sagte Ella.

„Danke für den Rat", antwortete Karl.

Karl kam im Restaurant um 13:20 Uhr an. Der Parkservice kümmerte sich um sein Auto und die Empfangsdame fragte, ob er eine Reservierung hätte. Als er antwortet, dass er David Freetman treffen wollte, sagte sie „ich habe einen Tisch für Sie. David hat angerufen und will sich entschuldigen, dass er etwa 10 Minuten Verspätung hat." Karl setzte sich und bestellte einen Campari. Da er kurz vor dem Verlassen des Büros eine E-Mail von AROBCO erhalten hatte, nahm er die Gelegenheit war, um die Mail zu beantworten. Er hielt sein iPhone unter den Tisch, um niemanden in diesem feinen Restaurant zu stören.

Als David Freetman kam stand er auf und sie schüttelten sich die Hände. „Nun", sagte David „Sie und Martin haben einen ähnlichen Geschmack" und winkte dem Kellner um einen Martini zu bestellen. Sie setzten sich und David sagte: „Ich habe gehört, dass Sie Uwe Villaloberg kennen."

„Ja, ich arbeitete mit Uwe. Das war vor einigen Jahren", antwortete Karl. Sie wurden von dem Kellner unterbrochen, und gaben ihre Bestellung auf.

Während sie auf ihr Essen warteten, fuhr David fort: „Ich sprach mit Luis Jacksens. Das neue Steuerungssystem, ist nicht nur vielversprechend aus der Sicht einer zukünftigen Bestellung, sondern auch sehr profitabel."

„Ja, diese Art von Systemen kann eine hohe Gewinnspanne haben, aber sie erfordern auch, die Applikation zu Ende zu bringen. Man hat wenig Toleranz für Fehler ", antwortete Karl.

„Hier kommt das Essen. Bon Appetit, Karl ", sagte David.

„Bon Appetit, auch" erwiderte Karl.

Während des Essens kam David zum Zweck des Treffens und sagte: „Karl, Ich gehe davon aus, dass Sie gestern mit Martin gesprochen haben."

„Ja, und dass ich von der Wende der Ereignisse überrascht bin, ist keine Übertreibung", antwortete Karl.

„Ja, es ist schade, aber wir können uns davon nicht aufhalten lassen. Wir müssen fortschreiten. Martin und ich hatten eine lange Diskussion, und wir beschlossen, dass Sie in Bezug auf MICGENs Führung die beste Person sind. Das heißt, wenn Sie das Angebot annehmen ", sagte David.

Karl beschloss die Kontrolle über den weiteren Ablauf zu nehmen und sagte: „Ja, ich freue mich über Ihr Angebot. Aber ich habe einige Fragen, um die finanzielle Verantwortung besser zu verstehen. Die Hardware eines solchen Projektes wie das neue Kontrollsystem, stellt weniger als 10% der gesamten Kosten dar. Unser Erfolg und die Gewinnspanne solcher Projekte sind weitgehend durch Lieferzeit und Qualität der Hardware und Applikation bestimmt. Außerdem haben Hardwarelieferung Verzögerungen und die Bauteilqualität eine drastische Auswirkung auf die Profitabilität und die Kundenzufriedenheit. Daher ist meine Empfehlung, dass Kurt Binger, der die Komponenten und die primären Hersteller spezifiziert, genehmigen soll, ob Alternativen in Betracht gezogen werden sollen oder nicht. Dies könnte sich an einer Projekt-by-Projekt-Basis ändern. Würden Sie dem zustimmen? ", fragte Karl.

David Freetmans Gesicht zeigte den Ausdruck von intensiver Aufmerksamkeit. Schließlich hatte er immer zu Luis Jacksens und Ali Murrell gepredigt, dass sie über jede Komponente verhandeln sollen, um den maximalen Rabatt zu erreichen. Er antwortete, „ich sah dies nicht aus der Perspektive, die Sie gerade beschrieben haben. Sie wissen, dass wir Kaufleute alle Zahlen, die nicht gründlich ausgehandelt wurden, in Frage stellen. OK, ich stimme Ihrem Vorschlag zu. Übrigens habe ich eine Kopie der Details zur Gewinnermittlung", sagte David und deutete auf die Papiere die Karl mitbrachte. Er holte tief Luft und fuhr fort: „OK, es gibt eine weitere Sache, die ich mit Ihnen besprechen wollte und zwar über den Prozentsatz des Miteigentums an der Firma. Mit dem Auftrag des großen Sicherheitssystemprojekts und im Hinblick auf das zukünftige AROBCO Geschäftspotenzial hat sich MICGENs Wert deutlich erhöht. Mit Rücksicht auf Ihren Beitrag diskutierten Martin und ich für Sie einen Prozentsatz der Firma gegen eine minimale Investition abzugeben. Derzeit sind die Aktien 67% zu 33% aufgeteilt. Unser Vorschlag ist es, Ihnen 10% der Anteile für $ 50.000 zu bieten. Dies würde eine 60 -30 -10 Eigentumsteilung bedeuten.

Hat Martin Ihnen erklärt, dass wir eine Gesellschaft mit beschränkter Haftung sind, eine GmbH. Die GmbH ist eine Gesellschaft, deren Stammkapital in Geschäftsanteile mit Stammeinlagen zerlegt ist. Die Stammeinlagen sind die Beiträge der Gesellschafter zur Bildung des Stammkapitals. Ich möchte Sie wissen lassen, dass ich für eine Änderung des Beteiligungsverhältnisses, also eine erhöhte Beteiligung Ihrerseits, offen bin.

„Bitte denken Sie darüber nach und lassen Sie mich Ihre Entscheidung bis Ende nächster Woche wissen ", sagte David. Und er fuhr fort, „Oh, ich vergaß fast ein wichtiges Thema; es gibt mehrere Unternehmen die an MICGEN interessiert sind. Ich komme vielleicht nächste Woche ins Büro, um einem englischen Unternehmen unsere Firma zu zeigen und die könnten ein paar Fragen haben, nur das Sie vorbereitet sind."

„Kein Problem, so lange Sie mir mitteilen wie viele Personen ich erwarten kann. Dementsprechend kann ich meinen Mitarbeitern berichten, dass ein potenzieller Kunde zu Besuch kommt", antwortete Karl.

„Natürlich werde ich das tun", sagte David und schaute auf seine Uhr. „Ich bin sehr zufrieden mit unserem Treffen, Karl. Ich freue mich auf die Zusammenarbeit mit Ihnen ", sagte David. Sie standen auf, um Hände zu schütteln.

„Ganz meinerseits und vielen Dank für das Essen", antwortete Karl. Und beide verließen das Restaurant.

Als er wieder im Betrieb ankam begrüßte ihn die Empfangsdame mit einem geselligen „Hallo, Karl, hatten Sie ein spätes Mittagessen?"

Er ging direkt in Ellas Büro und fragte sie, ob sie Zeit hätte über Martins Liste zu gehen. Nachdem sie durch die einzelnen Punkte gegangen waren, bemerkte Karl „es gibt gewiss viele Kunden Anrufe. Könnten Sie eine Übersicht zusammenstellen bezüglich Ihrer Bewertung von jedem dieser Kunden; nur einen Absatz oder zwei, unseren Status mit ihnen, ihre Vorlieben, etc. Ich weiß, dass dies viel Arbeit ist, aber ich glaube, es würde mir wirklich helfen, die Hintergrundinformationen unserer Kunden zu haben, bevor ich sie kontaktiere."

„Klar, eigentlich wird es nicht lange dauern diese Zusammenfassung zu machen", sagte Ella.

„Angesichts all dessen glaube ich nicht, dass Martins Idee sinnvoll ist, den Mitarbeitern und Kunden zu erzählen, dass er eine Beurlaubung nimmt", sagte Karl.

„Ja, Sie haben Recht. Martin war in einem sehr emotionalen Zustand. Seine Frau sagte, dass er beabsichtigt morgen am Abend zu kommen, um den Arbeitsplatzt zu räumen. Vielleicht könnten Sie ihn anrufen oder sich mit ihm versuchen zu treffen, um ihn davon zu überzeugen, am Montag eine gemeinsame Besprechung zu machen. Doch von dem, was seine Frau angegeben hat, stehen die Chancen nicht gut, dass er dies tun möchte; er will sich nur davonmachen. Er wird bei der neuen Gesellschaft in Raleigh Carolina am nächsten Montag beginnen."

„Ja, er wird der Leiter eines Unternehmens sein, das dreimal so groß ist wie unseres. Ich werde versuchen ihn morgen zu Hause zu erreichen", sagte Karl.

Dann fragte Karl Ella „was glauben Sie, wie wird die Reaktion auf die Bekanntmachung von Martins Verlassen der Firma und bezüglich meiner Übernahme sein?"

„Sie haben eine Menge zu bieten. Ihr F & E Team ist motiviert und sie lassen es jeden hier wissen. Mein Rat ist: tun Sie das Gleiche firmenweit, was Sie für Ihr F & E-Personal getan haben. Fragen Sie die Leute, was in der Organisation geschehen soll und was sie verbessern möchten. Jeder möchte sich gehört und verstanden fühlen ", sagte Ella.

„Ja, ich weiß, aber wenn man nur ein paar Monate hier war, wie ich, ist es schwierig, die Personalsituation richtig einzuschätzen", antwortet Karl.

„Sie werden feststellen, dass wir weitgehend ein gutes Verhältnis in dieser Firma haben. Aber seien Sie sich über ein paar Ausnahmen bewusst. Trotz all Ihrer Bemühungen haben Sie manchmal ein paar Leute in der Firma, die nicht wollen dass Sie Erfolg haben; ich habe dies hier mit Martin gesehen. In Ihrem Fall wird sich das wahrscheinlich sogar erweitern; es könnte sein, dass manche die Position, die Sie jetzt einnehmen, für sich selber wollten ", sagte Ella.

Karl wusste, dass dies der Fall sein könnte und sagte „Ich würde das Problem direkt mit der Person angehen, und wenn die sich weigert kooperativ zu sein, müsste ich die Person entlassen." Karl schaute dann auf seine Uhr und merkte, dass es nach 17:00 war.

Er entschuldigte sich bei Ella, „Oh, es tut mir leid, ich hielt Sie viel zu lange auf. Vielen Dank für die Beratung und ein gutes Wochenende." Ella antwortete, „Sie auch, Karl."

Am Montagmorgen ließ Karl Ella wissen, dass er Martin nicht überzeugen konnte, eine gemeinsame Besprechung zu veranstalten und bat sie, alle Leute im Konferenzraum für eine kurze Ankündigung um 9:00 Uhr zusammen zu rufen.

Um 9:05 ging Karl in den Konferenzraum, hielt einen Moment inne, und sagte: „Hallo! Martin konnte leider nicht anwesend sein. Daher bin ich derjenige der euch mitteilen muss, dass er zurückgetreten ist und dass ich seine Position einnehmen werde. Martins Kündigung war völlig unerwartet, und sie hat mich sehr überrascht. Ich denke, auch ihr seid verblüfft. Weiter möchte ich euch sagen:

Ich werde nicht der ,neue Besen' sein, der alle vorherigen Aktionen hinwegfegt. Ich möchte euch versichern, dass es „Business as usual" sein wird. Ich werde mit jedem von euch individuell besprechen: Wie wir zusammenarbeiten wollen. Was ihr von mir als eurem Manager erwartet. Welche Hoffnungen, Ängste und Wünsche ihr habt. Was eure Motivationen und Demotivationen sind. Und, ich werde euch auch fragen, was ihr denkt, was getan werden soll, um das Team oder die Abteilung effektiver zu machen.

Ich möchte jeden zur Zusammenarbeit ermutigen. Die Resultate eines effektiven Teams werden immer größer sein als die einzelnen Ergebnisse der Team-Teilnehmer. Außerdem möchte ich euch wissen lassen, dass ich mich in die Aufgaben des Managements einarbeiten muss, und dass ich eure Unterstützung diesbezüglich brauche. Danke, und ich freue mich auf die Gespräche mit jedem einzelnen von euch."

Alle sahen erschrocken aus und das Flüstern dauerte mehrere Minuten, bevor sie den Konferenzraum verließen. Die Situation war unangenehm und Karl verließ sofort die Scene. Er bat Ella, mit ihm in sein Büro zu kommen und sagte zu ihr: „Ich weiß, dass Luis Jackson und Johann Kramo wahrscheinlich verärgert sind, da ich über ihre Köpfe direkt mit ihren Mitarbeitern sprach, aber das war mein kalkuliertes Risiko. Mit wem, außer Luis und Johann, würden Sie vorschlagen, sollte ich zuerst sprechen? Können Sie bitte unsere Telefonliste nehmen und einfach eine Reihenfolge neben jeder Person angeben. Ich möchte mit jedem einzelnen sprechen, aber ich möchte mit diesen heiklen Gesprächen am Ende des Tages fertig sein."

„Mach ich", sagte Ella. „Ja, und ich möchte auch mit Tim Boschek sprechen. Wie kann ich ihn erreichen? ", fragte Karl.

„Tim ist zurzeit in Abu-Dhabi. Es gibt neun Stunden Zeitunterschied. Seine Hotel-Nummer ist 011 971 3-4001", antwortet Ella.

Karl wollte nicht, dass Tim über Martins Rücktritt von jemand anderem erfährt und rief sofort an. Sie sprachen fast eine Stunde lang über Martins direktem Engagements mit Kunden, Kunden Bedürfnissen und dringenden Schadensbegrenzungs-Schritten.

Nachdem er das Telefongespräch mit Tim beendet hatte, sprach Karl mit Luis Jackson und Johann Kramo in ihren Büros und ging dann von Büro zu Büro. Bei diesen separaten Gesprächen mit jedem Mitarbeiter, sprach er kurz über Martin - seinen Wechsel zu einem großen Unternehmen und seinen emotionalen Zustand als Grund, warum er heute nicht anwesend war. Er wiederholte die Punkte, die er in der 09.00 Uhr Ankündigung gemacht hatte - zusammen arbeiten, Erwartungen an ihn als Manager, Hoffnungen, Ängste und Zielsetzungen, Motivationen, und vorsichtig sondierte er mit jedem Mitarbeiter, was er dachte, was getan werden sollte, um die Effektivität des Teams zu erhöhen. Er hörte zu und machte sich Notizen. Er teilte ihnen mit, dass bestimmte Gesprächsthemen - Ziele, Werte und Produkte - während der Gesellschafterversammlung des Unternehmens an diesem Freitag behandelt werden. Am Ende ließ er sie wissen, dass er zur Verfügung steht um zu helfen, und dass er sich auf die Zusammenarbeit mit ihnen freut.

Wiederherstellung der Kunden-Beziehungen

Am Nachmittag begann Karl mit der herausfordernden Aufgabe, die Kunden des Unternehmens von Martins Abgang zu informieren. Er berücksichtigte Ellas Beschreibung des jeweiligen Kunden - ihre Persönlichkeit, MICGEN Status mit ihnen, usw. Er wusste, wenn jemand wie Martin - ein Client-Champion – die Firma verlässt, dass das fast wie ein Neustart mit den Kunden ist. Aber Karl legte den Schwerpunkt auf das Positive. Es war seine Chance, die Stärken seines Unternehmens und sein Engagement für qualitativ hochwertigen Service, erneut zu unterstreichen, als ob sie neue Kunden wären.

Er rief einen Kunden nach dem anderen an. In einigen Fällen brauchte es mehr als drei Versuche um den Kunden zu erreichen. Karl erklärte ihnen, dass Martin das Unternehmen verlassen hätte, um die Leitung eines großen Unternehmens zu übernehmen, das in einem anderen Geschäftsfeld tätig ist und versicherte ihnen, dass das Engagement des Unternehmens und die Reaktionsfähigkeit sich dadurch nicht ändern würde. Er teilte ihnen auch mit, dass er ihr Hauptansprechpartner sein werde und sagte ihnen, dass sie hohe Priorität hätten. Er ergriff diese Chance, um zu fragen: „Was können wir verbessern?", während er die Kunden um einen Termin zum Kaffee, Mittagessen oder eine andere Mahlzeit, ersuchte. Er blieb bei der Wiederherstellung der Beziehungen zu seinen Kunden sehr positiv und betonte erneut die Vorteile einer Zusammenarbeit mit MICGEN.

Am Ende des Tages war Karl erschöpft, aber enthusiastisch. Er nahm sich Zeit um Ella für ihre guten Ratschläge zu danken. Es wird sich zu einer Routine entwickeln, die Teamgeist beinhaltet und die Grundlage für eine erfolgreiche Zukunft aufbaut.

Während der ersten Woche als Leiter des Unternehmens verbrachte Karl sehr viel Zeit mit jedem einzelnen Mitarbeiter. Er wusste, dass es einige Zeit dauern würde, um ihren Respekt zu gewinnen.

Freitagmorgen bat Karl Ella um 10.00 Uhr ein Firmenmeeting einzuberufen und die Tagesordnung im Voraus zu verteilen.

Firmen-Versammlung

Datum/Uhrzeit: 10:00 Uhr, Freitag

Geschätzte Dauer: eine Stunde

Da unser Unternehmen wächst, können die einzelnen Teamleiter nicht mehr alles selber machen. Es wird immer wichtiger für alle Mitarbeiter des Unternehmens unsere Werte, Ziele und Strategie zu verstehen und für die Mitarbeiter, die mit den Problemen am besten vertraut sind, die Initiative zu ergreifen, um sie zu lösen.

Um dies entsprechend umzusetzen müssen wir das gleiche Maß an Transparenz aufrechterhalten, ob wir nun über 35 Mitarbeiter sind oder nur 7.

Werte - Für die neuesten Aufträge müssen wir fünf neue Mitarbeiter/innen einstellen. Es ist von Bedeutung für diese Personen, unsere Werte - Ergebnisse, Integrität, Teamarbeit, Kunde an erster Stelle - mitzutragen. Aber es ist auch wichtig, dass unsere jetzigen Teams entsprechend dieser gemeinsamen Werte handeln.

Ziele - Während Werte einen Rahmen bieten für das, was Menschen tun, müssen wir in der Artikulation der wichtigsten Ziele erstklassig sein: großartige Produkte bauen, beständig wachsen, und Kunden begeistern.

Strategie - Ziele sind wichtig, aber wie werden wir sie ohne eine Strategie erreichen? Damit jedes Mitglied unseres Teams, die Initiative ergreifen kann, müssen wir die Strategie verstehen.

- <u>Schauplatz</u> - Karl wird erklären, welche Produkte wir planen und auf welche Kundengruppen sich unsere Firma fokussiert.
- <u>Mittel</u> – Karl wird erklären, warum unser Wachstum meist von intern-entwickelten Produkten und Dienstleistungen kommen wird.
- <u>Werte Plan</u> – Karl wird beschreiben, wie wir potenzielle Kunden überzeugen können, dass der Vorteil unserer Produkte den berechneten Preis überschreitet; und mehr bietet als die Wertversprechen unserer Wettbewerber.
- <u>Profit</u> – Karl wird Empfehlungen geben, wie wir unsere Gewinnmargen erhöhen können.

Initiativen - Überblick über die Fortschritte in der Entwicklung neuer Produkte. Kurt und Jan diskutieren den Fortschritt ihrer Arbeit, was sie in den kommenden Wochen zu tun planen und die Herausforderungen, mit denen sie konfrontiert sind.

Ergebnisse - Wir werden Ergebnisse diskutieren - Umsatz den Zielen gegenüber stellen, die Anzahl der neuen Angebote vorstellen, Gewinne und Verluste im Wettbewerb darstellen, die Zahl der neuen Mitarbeiter erklären.

Alle Teilnehmer sind aufgefordert Fragen zu stellen und Stellung zu nehmen!

Typische Tage eines Managers: Die nächsten vier Monate bestanden aus typischen Abläufen in Karls Büro. Eigentlich gibt es keinen typischen Tag für einen Manager eines kleinen Unternehmens. Projekte und Produkte sind multidisziplinäre Organisationsaufwände, mit verschiedenen Menschen innerhalb und außerhalb des Unternehmens. Projekt- und Produktlebenszyklen erfordern unterschiedliche Fähigkeiten und Menschen zu verschiedenen Zeiten. Die Probleme und Herausforderungen beginnen zahlreich und entwickeln sich innerhalb eines Projekts oder Produkts. Es ist schwierig, einen typischen Tag unter diesen Bedingungen zu charakterisieren. Innerhalb und zwischen den Aktivitäten ist ein hohes Maß an Kommunikation erforderlich - am Telefon, per E-Mail, in Meetings, Telefonkonferenzen, durch Memos und Berichte. Und natürlich ist der Kunde König und erfordert kontinuierliche Aufmerksamkeit. Das Management eines kleinen Unternehmens ist ein Teamsport und beinhaltet das Tragen von mehreren Hüten.

Im Laufe von vier Monaten fanden verschiedene Entwicklungen bei MICGEN statt:

- Luis Jacksens kündigte.
- Zwei Testtechniker wurden eingestellt.
- Otto Fawvor, ein Senior Applikationsingenieur für Regelungssysteme, wurde rekrutiert.
- Jan musste wegen seines lauten Klavierspielens zweimal das Apartment wechseln.
- Johann Kramo landete nochmals im Krankenhaus, aber arbeitet jetzt wieder.

- Acht Angebotsanfragen (RFQ) für integrierte Sicherheit und Regelungssysteme waren eingetroffen.
- Bestellungen für vier Sicherheitssysteme wurden empfangen.
- Drei Sicherheitssysteme wurden geliefert.
- Drei Prototypen des Advanced Control Wizards (ACW) befinden sich im Test.
- Die Entwicklung für die Alarm-Management-Software wurde abgeschlossen.

Ein Element fehlte wirklich auf der Liste. Es war die Bestellung des Regelungs- und Sicherheitssystems für die AROBCO Plattform. Ein Wert von ~ €8 Millionen. Ein Projekt, das MICGEN in die große Liga bringen würde.

Das Fälligkeitsdatum für das Angebot für das System der AROBCO Produktion Plattform wurde fünf Monate verschoben. Und die Verkaufsstrategie war wegen der Personalveränderungen auf der Ebene des Prozessmanagers komplizierter geworden. Während Uwe Villaloberg immer noch in der Schlüsselposition des VP Instrumentierung und Elektrotechnik war, hatte der neue Prozess-Manager, Adam Morisen, eine aktive Rolle bei der Systemauswahl angenommen. Uwe war immer noch der tatsächliche Entscheidungsträger, der den Kauf genehmigen konnte, aber es wäre schwierig für ihn, dies zu tun, wenn Adam Morison gewisse Einwände hätte.

Der AROBCO Kompressions-Trenneinheit Advanced Control Wizard (ACW) sollte in einem Monat in Dienst genommen werden und das Angebot für das gesamte Regelung- und Sicherheitssystem der Produktion Plattform war in zwei Wochen fällig. Da viel auf dem Spiel stand, war Karl für diese Präsentation gut vorbereitet. Er hatte untersucht was der Kunde wollte und würde sich auf die spezifischen Bedürfnisse des Kunden konzentrieren, anstatt von generellen Produktfunktionen zu sprechen, da zurzeit keine Referenzinstallation existierte. Er wusste von Uwe Villalobergs Feedback, was für AROBCO am wichtigsten war und würde diese Werte betonen. Er wusste, dass dies eine interaktive, dialogartige Präsentation werden musste.

„OK, du bist bereit für diese Aufführung", sagte er zu sich selbst. Er war zuversichtlich, denn er hatte viel Aufwand in diese System Präsentation investiert. Er kannte sein Produkt. Er kannte den Käufer. Er war bereit, zuzuhören. Er löste ein echtes Problem, und er war bereit für jeden Einwand.

Karl ging im Konferenzraum hin und her, auf seinen Advanced Control Wizard (ACW) blickend, ein Gerät mit dreifach modular redundanter Architektur. Jedes der drei Systeme war nicht viel größer als ein modernes Mobiltelefon, in ein Motherboard gesteckt, von der Größe einer Handfläche. Karl studierte dieses Objekt, das so viel Mühe machte. „Dies könnte die Zukunft der Kontrollsysteme ändern", sagte er zu sich selbst. Sein Glaube an die Idee, zusammen mit seiner Beharrlichkeit hatte ihn dort hingeführt, wo er heute war, der Präsident von einem Unternehmen, das sich technologisch mehrere Jahre vor der Konkurrenz befand.

Der Control-Wizard Modul (ACW) lag auf der Mitte des Konferenztisches, neben zwei Edelstahlgehäusen, eines davon war explosionsgeschützt und beherbergte die Intelligenten Anschluss-Boards. Die Benutzeroberfläche, ein Notebook PC, befand sich am Ende des Tisches, in der Nähe des großen LED-Bildschirms. Auf dem Bildschirm hatte Karl ein Foto des Esmix Kompression und

Trennverfahrens mit einem Porträt des ACW in der Mitte; es sah fast aus, wie eine Spinne die mit ihren Beinen mit verschiedenen Transmittern verbunden ist.

Karl wartete auf das Eintreffen der AROBCO Gruppe. Jan Bettin saß am Ende des Tisches und prüfte Fuzzy-Logik Funktionen, die er dem Programm hinzugefügt hatte, welche aber nichts mit Esmix zu tun hatten. Ella brachte eine Kanne Kaffee und als sie aus dem Fenster schaute, sah sie die Kunden auf dem Parkplatz aus ihrem Auto steigen. Sie alarmierte, Karl, „sie kommen."

Karl sagte „OK, Jan, höre auf mit der Fuzzy-Logik zu spielen und wechsle zum Esmix-Programm."

„Fertig, ich werde vor der Tür auf deinen Anruf warten ", antwortete Jan.

Ella ging zur Rezeption, begrüßte das AROBCO Team und führte sie zum Konferenzraum. Dort begrüßte Karl sie mit „Guten Morgen alle zusammen. Willkommen zu unserer Präsentation des Advanced Control Wizard für Ihr Esmix Kompressions- und Trennverfahren." Er schüttelte mit jedem Hände. Uwe Villaloberg umarmte ihn und führte sein Team vor: Tom Deaverer, Vice President of Production; Adam Morisen, Process Manager; und Roul Garciabo, Maintenance Manager.

Bevor sie sich alle setzten, bemerkte Tom „Nun, das kommt mir bekannt vor", und zeigte auf den Prozess des LED-Displays. Karl versuchte ihre Stimmung und Energie und die Beziehungen zwischen Uwe und anderen abzuschätzen. Er sprach über einige allgemeine Geschäfte die MICGEN mit AROBCO realisiert hatte und wechselte dann auf das Hauptthema, das Kompressions-Leitsystem.

Er begann mit den Worten „Lassen Sie mich zunächst die Vorteile des Gerätes im Zusammenhang mit dieser Prozessanwendung ansprechen; die Hauptfunktion besteht darin, Prozessstörungen zu vermeiden. Bei geringem Durchsatz im Betrieb kann ein Gaszufuhrwechsel erhebliche Schwankungen des Separator-Druckes verursachen, was zum Fackeln und in einigen Fällen sogar zur Abschaltung einer Prozesseinheit führen kann. Der Prozessregelung-Wizard beseitigt praktisch diese Störungen.

Zweitens, bei einer Durchflussmenge von weniger als 78% beginnen derzeit die Kompressor-Recycling-Ventile zu öffnen. Der Wizard ermöglicht es Ihnen, den Separator unter 60% des Durchflusses zu betreiben, bevor die Rückführventile öffnen, was viel Energie einspart.

Drittens, in Situationen hohen Durchflusses wird der Trenngrenzdruck automatisch angepasst, um den Durchfluss zu maximieren, was zu einer erhöhten Anlagekapazität führt." Er fügte hinzu „Wir haben eine Simulation vorbereitet, die es uns ermöglicht, Ihnen zu zeigen, wie diese Probleme im Detail behandelt werden. Falls Sie irgendwelche Fragen haben, zögern Sie bitte nicht, mich zu unterbrechen. Wir sind hier, um Ihre Fragen zu beantworten."

„Ich habe Dr. Jan Bettin gebeten, uns eine Demonstration des Advanced Control Wizard (ACW), mit einem simulierten Prozesses, vorzuführen", sagte Karl. „Jan leitet die ACW Software-Entwicklung und er ist auch Chemie-Ingenieur." Karl öffnete dann die Tür zum Konferenzraum und rief Jan.

Jan stellte sich dem Management-Team vor und ging durch den Prozess mit Hilfe des elektronischen Zeigers der LED-Anzeige. Tom Deaverer und Adam Morison beugten sich vor, was eine gewisse Begeisterung für Jans Verständnis des Prozesses andeutete. Jan wechselte dann auf die zweite Anzeige und präsentierte den Simulationsprozess, mit dem Prozess-Modell, einschließlich Kurven, Reaktionszeiten und der I/O. Er gab auch einen Überblick über das ACW-Programm, das die Überprüfung von Eingaben, stationäre Zielberechnungen und dynamische Bewegungsberechnungen ausführte, und erklärte dass es mehrere Modellidentifizierungsalgorithmen sowie Modellvorhersage, Modellunsicherheit und Kreuzkorrelations-Eigenschaften für Modellanalyse gäbe. Dann setzte Jan fort, „Unsere Erfahrung hat gezeigt, dass die heutigen Regelungssysteme diese unerwarteten Prozessverhalten in einer zuverlässigen und sicheren Art und Weise aus folgenden Gründen nicht handhaben können:"

- Typische DCS-Systeme haben nicht die nötige Ausweichfunktion bei bestimmten Messwertgeberfehlern.
- Diesen Systemen fehlt außerdem die adaptive Tuning-Fähigkeit.
- Sie erlauben keine Berechnungen der Grenzwerte für Beschränkungen.

„Wollen Sie damit sagen, dass Ihr System bei einem Transmitter- oder Analysator Ausfall kompensieren kann?", fragte Adam Morison.

„Ja, das System wechselt automatisch zu einem Ersatz Algorithmus. Lassen Sie mich ein Beispiel geben: Nehmen wir an, Sie haben bei Ihrer Kompressor Anti-Surge Regelung eine Fehlfunktion des Druck- oder Temperatur-Transmitters; die

Regelung wird automatisch auf Mindestdurchfluss umsteuern. Lassen Sie mich Ihnen das auf dem Simulator zeigen ", sagte Jan. „Nur zu", antwortet Adam.

„Sehen Sie, wie diese Regelkreise übertragen. Und hier ist die Benachrichtigung für den Operator. OK, während wir darüber reden, lassen Sie mich den Effekt des Analysefehlers am Separator zeigen. Sehen Sie, in beiden Fällen funktioniert die Regelung weiterhin. Während die Fallbackstrategie möglicherweise nicht so effizient ist wie die primäre Strategie, so ist doch die Hauptsache, dass es keine Unterbrechung des Prozesses im Falle bestimmter Fehlfunktionen von Instrumenten gibt", sagte Jan.

"Ja, diese Funktion ist vom Zuverlässigkeitsstandpunkt fast so wichtig wie die dreifach modulare Redundanz", ergänzte Roul Garciabo.

Dann fuhr Jan fort: „Es gibt einige andere wichtige Funktionen, wie zum Beispiel die Funktionsbereichs-Begrenzung, die aus Sicherheits- und Zuverlässigkeits-Sicht von Bedeutung sind. Wenn Sie möchten, kann ich Ihnen dies auf dem Simulator präsentieren".

„Es ist OK Jan, wir wissen jetzt, dass Sie sowohl das System als auch unseren Prozess gut verstehen.", bemerkte Tom.

„Danke, meine Herren. Karl wollen Sie dass ich noch andere Funktionen zeige? ", fragte Jan.

„Nein, Jan, aber wir sollten vielleicht über die Kommunikationsschnittstellen sprechen", sagte Karl.

„Ja, ich habe einige Fragen in Bezug auf die Schnittstellen", sagte Roul. „Können Sie intelligente Messumformer handhaben?"

„Ja, das ist serienmäßig, der ACW handhabt intelligente und HART Transmitter", antwortet Jan.

„Wie sieht es mit Ihrer Bedienungsschnittstelle (HMI Kommunikation) aus?", fragte Roul.

„Sie besteht aus H2 Ethernet, Internet, Intranet und es gibt sogar eine Bluetooth-Schnittstelle. Diese Kommunikationen sind Standard. Also, in Bezug auf Wartung haben wir auch Fernüberwachung integriert. Außerdem haben wir einen Firewall-Sicherheitschip, der die Schnittstellen sicher vor Viren macht."

„Vielen Dank für die ausführliche Antwort", sagte Roul. „Möchten Sie weitere Informationen?", fragte Jan.

„Nein, wir danken Ihnen für Ihre ausgezeichnete Vorführung", sagte Uwe.

Karl stand auf und sagte „Danke, Jan. Ich möchte nun den Nutzen unserer Produkte kurz zusammenfassen, wenn Sie mir erlauben."

„Nur zu", sagte Tom.

Karl wiederholte dann die Vorteile des Systems, bezüglich des AROBCO Verfahrens und unterstrich, dass diese Vorteile nicht nur für die Kompressionseinheit gelten, sondern für die gesamte Produktionsplattform der Anlage, falls AROBCO das Angebot von MICGEN wählt.

Uwe sagte dann „Karl, wir danken Ihnen für Ihre hervorragende Präsentation. Leider müssen wir euch früher verlassen als erwartet, weil wir einen ungeplanten Stopp einlegen müssen."

„Vielen Dank für den Besuch und eine gute Rückfahrt ", sagte Karl. Sie gaben sich die Hände und verließen den Raum und das Gebäude.

Karl ging in Jans Büro und sagte „hervorragende Arbeit, Jan."

„Hey, von all der Zeit die wir verbrachten um durch diesen Prozess und diese Fallback-Funktionen zu gehen, habe ich doch etwas gelernt" antwortete Jan.

„Ich konnte durch die Beobachtung der Körpersprache des AROBCO Teams sehen, dass sie sehr über Ihre Leistung erfreut waren. Unterschätze dich nicht ", sagte Karl.

Karl wollte ein paar spezifische Funktionen mit Jan diskutieren, wurde aber von der Durchsage unterbrochen „Karl, Uwe Villaloberg ist am Telefon." Karl rannte zurück in sein Büro und nahm das Telefon, „Hallo Uwe."

„Hey Karl, wir haben vergessen über die Gehäusetypen zu sprechen. Leider mussten wir eher abreisen. Ich bin hier im Auto mit meinen Kollegen und wir haben noch mehr als eine halbe Stunde vor uns. Können wir vielleicht ein paar Dinge klären, wenn Sie Zeit haben? In Bezug auf die Gehäuse, ist der ACW eigensicher? ", fragte Uwe.

„Wir beantragten die Zertifizierung bei CSA und ATEX, haben aber die Genehmigung noch nicht erhalten. Die Intelligenten Anschluss Boards wurden jedoch zertifiziert ", antwortet Karl.

„Ja, wir wissen, dass die IPTs I-Safe zertifiziert sind; wir haben sie in unseren Anlagen. Wann erwarten Sie, die I-Safe-Zertifizierung für den ACW-Modul? " fragte Uwe.

„Von CSA innerhalb von wenigen Monaten, bezüglich ATEX bin ich nicht sicher", antwortet Karl. Karl hörte sie im Hintergrund reden, aber er konnte die Diskussion nicht verstehen; dann kam Uwe wieder ans Telefon und sagte „Wir haben bereits Ihre Ex-Schutz-Typ-Gehäuse und haben beschlossen, diese für die Kompression und Trenneinheit zu behalten sowie auch für Esmix anlagenweit. Wir werden die Produktionsplattform Anfrage (RFQ) ändern um dies zu berücksichtigen und das dann an alle Firmen in den nächsten paar Tagen senden. Danke Karl. Das war es."

„OK, waren alle zufrieden, dass sie bei der Präsentation ihre Fragen beantwortet bekamen?", fragte Karl.

„Ja, hey, halten Sie sich nur an Ihr Wunderkind, Jan, fest. Er kann alles beantworten! Wenn es zusätzliche Fragen gibt, lasse ich Sie das sofort wissen, " antwortete Uwe.

„Nochmals, eine gute Reise zurück nach England", sagte Karl und legte auf.

Die Vertrautheit des Kunden mit dem ITP (Intelligentes Anschluss Board) war ein Element das Karl in seinem AROBCO Esmix Angebot übersehen hatte. Ja, und es gab auch Kundenerfahrungsberichte, die Monika ihm vor einigen Monaten zeigte, betreffend der hervorragenden Zuverlässigkeit des ITP. „Wie konnte er das alles in seinem Esmix Angebot vergessen ", sagte sich Karl. Ja, er hatte die IPT im Angebot aufgenommen, aber die Tatsache, dass hunderte von diesen jetzt über mehr als ein Jahr ohne jede Störungen in Betrieb waren, musste hervorgehoben werden. Auch sollte der hohe Temperaturbereich von bis zu 70 Grad Celsius, durch den Einsatz von Komponenten nach Militär-Spezifikation, betont werden. Karl wusste aus Erfahrung, dass diese Art von Informationen den Unterschied eines erfolgreichen oder fehlgeschlagenen Angebots machen konnte und öffnete den zugehörigen Ordner auf seinem PC, um die Erweiterungen durchzuführen.

Infolge der Erfüllung von AROBOs technischen Anforderungen, den ausgezeichneten Kundenbeziehungen und der Aufmerksamkeit für Details, war Karls Angebot erfolgreich. MICGEN erhielt den großen Auftrag, aber hatte nicht das nötige Geld, um ihn durchzuführen. Karl musste Arbeitskräfte einstellen, Rohstoffe kaufen und Produktionskosten tragen. Natürlich wusste Karl dies alles und er war sich auch bewusst, dass der Auftrag David Freetmans (der Haupteigentümer von MICGEN) finanzielle Möglichkeiten überschreiten und dass die Bank kein Darlehen genehmigen würde. Während der große Auftrag einträglich war, war er auch sehr herausfordernd.

Um dieses finanzielle Problem zu minimieren hatte Karl, mit David Freetmans Zustimmung, einen Antrag auf Finanzierung für die Bestellung der Hardware des Projekts zur der Zeit gemacht, als er das Angebot zusammenstellte. Die Finanzierung von Aufträgen ist für Unternehmen vorgesehen, die wachsende Aufträge erhalten, aber nicht über die finanziellen Mittel verfügen, um diese Aufträge zu erfüllen. Es gestattet die Finanzierung um Lieferanten zu bezahlen und ermöglicht einem Unternehmen große Bestellungen zu akzeptieren und zu liefern. Allerdings ist Auftrags-Finanzierung nicht für jedermann. Um sich für eine Finanzierung zu qualifizieren, müssen Unternehmen und Kunden kreditwürdig sein. Dies war der Fall mit MICGEN und AROBDO. Obwohl diese Art der Finanzierung normalerweise für Unternehmen gilt, die Fertigwaren weiterverkaufen, die von einem Dritt-Anbieter erworben wurden, gibt es einige Ausnahmen. Darüber hinaus hat die Transaktion die folgenden Kriterien zu erfüllen:

- Sie muss eine Bruttogewinnspanne von mindestens 20 % aufweisen.
- Ihr Lieferant muss seinen Auftrag erfüllen können.

Bestellung Finanzierungstransaktionen sind wie folgt aufgebaut:
- Ihr Unternehmen erhält einen großen Auftrag von einen kreditwürdig Kunden.
- Die Transaktion wird zur Prüfung und Genehmigung vorgelegt.
- Ihr Lieferant wird in der Regel durch ein Akkreditiv oder ähnliches Instrument bezahlt.
- Ihr Kunde bezahlt die Rechnung gleichzeitig mit der Abwicklung der Transaktion.

Natürlich nahm Karl die Bestellung für das Projekt an, das er so intensiv verfolgt hatte. Diese Bestellung basierte auf seinem Angebot an AROBCO und wurde jetzt ein verbindlicher Vertrag nach den Bestimmungen & Bedingungen welche in dieser Bestellung genannten wurden.

Er bestätigte, dass er im Besitz aller Spezifikationen, Zeichnungen und Unterlagen war, um seine Verpflichtungen für diesem Auftrag zum angegeben Preis und Termin durchzuführen. Und Karl war sich bewusst, dass diese Bestellung nicht sicher war, falls die Inbetriebnahme des Advanced Control Wizard Prototyps in der Esmix Kompression/Trenneinheit nicht erfolgreich sein sollte.

Wie so viele kleine Unternehmen, war MICGEN schließlich mit dem Problem konfrontiert, wie die Geschäftsausweitung gehandhabt werden sollte. Ausbau des Geschäfts ist eine Lebensphase eines Unternehmens, die voller Chancen und Gefahren ist. Einerseits führt Wachstum häufig zu einer entsprechenden Erhöhung des finanziellen Vermögens für die Eigentümer und Mitarbeiter. Zusätzlich wird die Expansion in der Regel als

Validierung der anfänglichen Geschäftsidee und seiner anschließenden Bemühungen, die Vision zu verwirklichen, gesehen. Aber wie Karl erfuhr, hielt die Geschäftsausweitung für kleine Unternehmen auch eine Vielzahl von Problemen bereit, die gelöst werden mussten. Wachstum verursacht eine Vielzahl von Veränderungen, von denen alle verschiedene betriebswirtschaftliche-, rechtliche- und finanzielle Herausforderungen darstellen. Wachstum bedeutet, dass das Management des Unternehmens weniger zentralisiert sein wird, was die Unternehmensphilosophie beleben kann, den Protektionismus erhöhen und die Uneinigkeit bezüglich welche Ziele und Projekte das Unternehmen verfolgen sollte, fördern. Wachstum bedeutet, dass der Marktanteil sich erweitern wird, was neue Strategien für den Umgang mit größeren Konkurrenten fordert.

Wachstum bedeutet auch, dass zusätzliches Kapital erforderlich sein wird, was neue Verantwortung für den Unternehmer/Manager und seine Hauptinvestoren verlangt. Also bringt das Wachstum eine Vielzahl von Änderungen in der Unternehmensstruktur, Bedürfnisse und Ziele mit sich. Da er relativ neu im Management war, dauerte es für Karl einige Zeit, diese Realität zu akzeptieren.

Die Vor-Ort Inbetriebnahme

Mit all den Herausforderungen, die Karl bei der Entwicklung des neuen Produkts und der Finanzierung für den großen Auftrag überwand, wusste er dass die kommende Testinstallation des Advanced Control Wizard (ACW) an der Esmix Kompression/Trenneinheit über MICGENs Erfolg oder Misserfolg entscheiden würde. Ein Versagen bei Esmix würde sicherlich zu einer Aufhebung des großen Auftrags führen. Also war diese Testinstallation die letzte Hürde zum Erfolg. Ein Feuerwerk ist nur spektakulär, wenn die letzten Momente die schönsten der gesamten Show sind. In der Welt der Implementierung von Prozesssteuerungen, der Big-Bang, ist ironischerweise die Inbetriebnahme. Aber ein großartiger Start-up passiert nicht nur in den letzten Stunden. Es ist die Krönung der sorgfältig orchestrierten Aktivitäten in der gesamten Entwicklung des Kontrollsystems und des Projekts.

Karl wusste aus Erfahrung, dass die Planung ein wichtiger Aspekt für eine erfolgreiche Inbetriebnahme ist. Er stellte sicher, dass alle Facetten des Projekts sorgfältig geplant und dokumentiert wurden, einschließlich aller Trainings- und Testprotokolle, und dass die dynamische Simulation detailliert und gründlich durchgeführt wurde. Dieser Simulationsaufwand war entscheidend, um die Implementierungszeit in der Anlage drastisch zu reduzieren, sowohl für Karl als auch für Uwe Villaloberg. Es wählte Jan und Otto aus, das MICGEN-Start-Team, um einen erfolgreichen Übergang vom alten System auf den ACW (Advanced Control Wizard) zu realisieren. Karl hatte Vertrauen in sein Team. Mit Otto Fawvor, ein erfahrener Ingenieur an der Seite von Jan, hatte er eine kompetente Crew vor Ort.

Karl erkannte auch, dass eine gründliche Vorabprüfung, vor dem Kompressor Start-up entscheidend wäre und plante dementsprechend. Zum Beispiel würde Jan an der Mensch-Maschine-Schnittstelle (HMI) im Kontrollraum stationiert werden, während Otto an den Feldgeräten wäre. Darüber hinaus umfasste das

Team einen Elektriker vom Kunden. Die Gruppe ging von Instrument zu Instrument im Kompression Trennungsteil der Anlage um sicherzustellen, dass alle Geräte ordnungsgemäß aus HMI Sicht angeschlossen waren und simulierte die Verbindungen.

Karls, Jans und Ottos Kenntnis des Prozesses beim Kunden war ein weiterer kritischer Aspekt des Start-up Erfolgs. Uwe Villaloberg, der VP des Kunden, kommentierte „Die eine Sache, die ich am meisten schätze, ist, dass das MICGEN Team ein gutes Verständnis über unseren Prozess hat. Wenn der Lieferant unseren Prozess versteht, habe ich nicht zu befürchten, dass ein Unfall passiert." Eingehende Unterstützung für ein Retrofit-Projekt ist so wichtig, weil man nie weiß, welche nicht dokumentierten Funktionen man entdeckt, wenn man auf das neue System umstellt.

Daher war die Atmosphäre im Kontrollraum gespannt, wie es in der Regel während einer Start-up Operationen ist. Die Anlagenbetreiber gingen durch die Checkliste. Der Kompressor begann auf vollen Recycle.

„Wie ist der Status der Gassonden?" fragte Joe, der Supervisor.

„Bereit für Start", erwiderte der Feldoperator. Das Startbereit-Licht leuchtete grün. Gary, der Senior Operator sagte „OK, alle bereit?"

Otto Fawvor, mit seinen mehr als zehn Jahren Erfahrung in diesem Bereich, wusste, dass dies der Moment des Erfolgs oder Misserfolgs für den Control-Wizard war. Das perfekte Ergebnis für diese ersten Minuten war, nichts zu sehen und zu hören, keine gelben oder roten Lichter auf dem Störmeldesystem. Jan, auf der anderen Seite, erschien zuversichtlich in dieser Umgebung. Für ihn war es wie eine Wiederholung der Simulation. Unerfahrenheit hat manchmal Vorteile. Er hatte Spaß und seine Vorfreude wuchs, als er es sich vorstellte, was als nächstes kommen könnte, da seine Simulationen viele Zustände hatte.

Als die Produktionsplattform anfuhr, schauten die Anlagenbetreiber nervös auf den Trenn-Druck, sie erwarteten die großen Schwankungen, die normalerweise während der Inbetriebnahme auftraten. Ein Betreiber stand am Verdichter ESD (Emergency Shutdown) Schalter, bereit die Kompressoren zu stoppen, um ein Abfackeln zu verhindern. Der Separator Druck erhöhte sich rapide aber flachte dann ab. Keine Prozess-Schwankungen! Die üblichen Prozessstörungen in dieser kritischen Betriebsphase fanden nicht statt. Die Anti-Prozess Störungsunterdrückung Algorithmen des Control-Wizards funktionierten. Otto Fawvor, in der Regel reserviert in seinem Verhalten, zeigte seine Begeisterung mit einem Ellenbogen-Stoß in Jans Rippen. Die Betreiber und der Schichtleiter konnten das reibungslose Prozessverhalten, unter Berücksichtigung der typischen Instabilitäten während jeder der vorhergehenden Startups, fast nicht glauben.

Joe, der Schichtleiter, konnte sich nicht zurückhalten. „Wow!", schrie er und sprang von seinem Stuhl auf. „Super! Es gibt für alles ein erstes Mal. Was für ein großartiger Start." Er setzte sich dann in seinen Stuhl zurück und lächelte bei dem Gedanken, wie stressfrei die Start Operationen in der Zukunft sein würden. Er winkte Jan zu kommen und sagte: „Hey Wunderkind, wie hast du das gemacht? Wie kommt es dass du nicht einmal begeistert zu sein scheinst? "

Jan antwortete „Ich habe nichts getan. Der Control-Wizard hat es geschafft. Keine Sorge, per Simulation musste sich alles so verhalten."

Joe schüttelte den Kopf und wiederholte „es musste sich per Simulation so verhalten."

Otto schritt ein, um Jan zu retten, und sagte zu Joe, „Jan wollte nur sagen, unsere Bemühungen die Kontrollsystem Software und Hardware vor dem tatsächlichen Start-up gründlich zu überprüfen und zu simulieren, haben sich ausgezahlt."

Erfolg

Um 5:00 Uhr erhielt Karl einen Anruf von Uwe „Hallo Karl. Hoffentlich, habe ich Sie nicht aufgeweckt. Ich weiß, dass Sie ein Frühaufsteher sind, aber es ist erst 11.00 hier, 05.00 Uhr Ihre Zeit."

„Nein, Uwe, ich war schon auf und wartete auf einen Anruf von meinen Truppen. Sind die Dinge bei Esmix gut gelaufen? ", fragte Karl.

„Es ging sehr gut. Der Start verlief reibungslos, und sie laufen derzeit mit 117 % Kapazität. Die Betreiber induzierten Durchsatzänderungen, um das Prozess- und Anlagenverhalten bei unterschiedlichen Bedingungen zu überprüfen. Sie liefen bei 65 % mit geschlossenem Recycling-Ventil. Können Sie das glauben? Einfach fantastisch! ", sagte Uwe. Er fügte hinzu „CAISTOS ist dabei die Implementierungsphase ihrer modernisierten Plattformsteuerung zu beginnen, und Sie können einen Anruf von Ihrem alten Freund, Hank Sandover, erwarten. Wie Sie wissen, sind deren Anforderungen viel größer als die hier bei uns."

„Nun, das ist eine gute Nachricht, Uwe. Danke. ", sagte Karl.

„Ja, das ist es wirklich. Ich glaube, dass Sie weltweit Chancen auf allen Gasförderplattformen haben. Ich beabsichtige, den Herausgeber vom Gas und Öl Magazin zu kontaktieren. Er hat mich sowieso über neue Entwicklungen in unserer Firma gefragt, aber ich werde ein paar Tage warten. Sie sollten bald etwas in ihrer online Ausgabe sehen. Ich wünsche Ihnen einen guten Tag, Karl ", sagte Uwe und legte auf.

Eine Woche später erschien folgendes im Öl- und Gas Magazin. „Das Prozessleitsystem von MICGEN ermöglichte es unseren Durchsatz zu erhöhen, den Energieverbrauch zu reduzieren und eine gleichmäßige Produktqualität zu produzieren. Optimale Kontrolle und Sicherheit sind entscheidende Anforderungen in der Öl-, Gas-, Chemie- und Energieindustrie.", sagte Uwe Villaloberg, Vizepräsident von AROBCO.

Kurz darauf erhielt Karl einen Anruf von Uwe „Hallo Karl, haben Sie meine Aussage im Magazin gesehen".

„Ja, habe ich. Vielen Dank für die großartige Unterstützung", antwortete Karl.

„Ja, die fragen mich jetzt, ob ich einen Artikel über die Vorteile von Advanced Prozess-Control bereitstellen kann; Ich habe Ihnen eine E-Mail gesandt, um Ihnen zu zeigen, was ich vorbereitete, bitte geben Sie mir Ihre Kommentare so schnell wie möglich", sagte Uwe.

Karl sah seine Mails an und öffnet Uwes Nachricht, um folgendes zu finden:

Advanced Process Control und Echtzeit-Optimierung sind von Nutzen für Ihre Anlage

Von Uwe Villaloberg, Vizepräsident von AROBCO

Ob Ihr Betrieb seit 10 Jahren läuft oder neu ist, es existiert eine ständige Herausforderung die höchsten Kapitalerträge bei der Anlage zu erreichen. Sobald sie die primären Fehler ausgebessert haben und die Ziele der angestrebten Produktivität und Qualität erreicht haben, fragt man, wie können wir die Performance verbessern? Advanced Process Control (APC) hat in den letzten Jahren Aufmerksamkeit gewonnen. Es ist der Schlüssel für den Erfolg für zunehmende Prozess-Stabilität und Durchsatz, bei gleichzeitiger Minimierung der Kosten.

In der Regel erfolgen fortgeschrittene Prozessregelungs- und Echtzeit-Optimierungs- Implementierungen während der stationären Phase des Lebenszyklus einer Prozessanlage. Betriebe sind jedoch zunehmend bestrebt die Vorteile von Advanced Process Controls Umsetzung durch die frühzeitige Einführung zu beschleunigen, oft innerhalb von Monaten, nachdem die Anlage in Betrieb genommen wurde.

Die Prozessindustrie nutzt eine Vielzahl miteinander verbundener Technologien und Prozesse. Die zentrale Herausforderung für die Raffination, Gasanlagen, chemische und petrochemische Anlagen, usw. ist es, Prozesse auf ihrem optimalen Betriebsablauf zu halten, bei gleichzeitiger Aufrechterhaltung mehrerer Sicherheitsmargen auf einem akzeptablen Niveau.

AROBCO implementierte vor kurzem ein Modell-basiertes Feed-Forward Multivariables Kontrollsystem, bereitgestellt durch MICGEN, das viele Prozessvariablen gleichzeitig und in Echtzeit überwacht. Seine fortschrittlichen Process Controls und Echtzeit-Optimierungsfunktionen bieten auch eine proaktive Ansicht der Anlagenleistung; die es Betreibern ermöglicht, Produktionsgrenzen ohne Gefährdung zu erweitern.

191

MICGENs Advanced Process Control bietet materielle und immaterielle Vorteile. Eine Änderung der physikalischen Hardware der Anlage ist nicht erforderlich.

Vorteile von Advanced Process Controls (APC):

- Verbesserte Produktion durch überwachte Reduzierung der benötigten Sicherheitspuffer, um sicherzustellen dass keine Grenzwerte für Qualität und Produktintegrität verletzt werden
- Minimierung des Energieverbrauchs für einen maximalen Anlagendurchsatz
- Stabilisierter Anlagenbetrieb durch minimierte Instabilität der Schlüsselprozessvariablen
- Verbesserte Reaktionsfähigkeit auf veränderte wirtschaftliche und regulatorische Rahmenbedingungen durch einfache Überprüfung und Änderung der Betriebsziele
- Weniger Unvorhersehbarkeit in der Beschickung an nachgeschaltete Prozess Einheiten
- Verbesserte Bedienereffizienz durch Konzentration der Aufmerksamkeit auf die wesentlichen Leistungsindikatoren
- Verbesserte Prozesssicherheit da das APC-System als Frühwarnsystem fungiert
- Besseres Verständnis des kompletten Betriebs

MICGEN hat umfassende Erfahrung in fortgeschrittener Prozessregelung und hat sein Advanced Control-Assistent-System (ACW) in unserem Werk termingerecht und im vorgesehenen Kostenrahmen implementiert.

Advanced Process Control bietet wesentliche Verbesserungen für die Industrie, aber weit verbreitete Missverständnisse und ein Mangel an Kenntnis haben seine Durchführung behindert. Der Erfolg des APC war oft auch dadurch eingeschränkt, da die meisten Prozessleitsysteme (DCS, PCS, etc.), auf denen sich die APC befand, nicht über die ordentlichen Sicherungs- und automatischen Fallbackstrategien verfügten, die für Integrität und Zuverlässigkeit des Regelkreises erforderlich sind.

Real-Time Constraint Limit Control (CLC) und Optimierung:
Die Echtzeit-CLC, bereitgestellt durch MICGEN, ist ein komplexes, exaktes Modell-basiertes System, das die APC Lieferung ergänzt und die Leistung verbessert, indem eine Reihe von Prozessvariablen angepasst werden, um die Rentabilität zu erhöhen und die Betriebskosten zu minimieren.

Es enthält:
- Die Histogramm und Normalität Probability Plots für die weiteren Tests auf Normalverteilung
- Die Messung Diskriminierung Bewertung
- Die WAS-WENN-Analyse-Routinen
- Die Constraint Soft-und Hard Grenzwertberechnungen oder Pre-Einstellungen
- Das Process Unit Efficiency Berechnungsprogramm
- Die automatische Steuerung-Fallback-Strategie-Auswahl

Gesamtnutzen eines effizienten Prozessleitsystems:
Ihre Anlage kann von einem gut gestalteten Prozessregelsystem in vielerlei Hinsicht profitieren, darunter ...
- **Energieeinsparung** - Energieverschwendung wird reduziert, wenn Ihre Anlagen effizient betrieben werden
- **Verbesserte Sicherheit** - Advanced Kontrollsysteme warnen Sie automatisch vor etwaigen Anomalien, welches wiederum das Unfallrisiko minimiert
- **Gleichbleibende Produktqualität** - Schwankungen in der Produktqualität werden auf einem Minimum gehalten und reduzieren Ihre Materialverluste
- **Verbesserte Umweltleistung** - Systeme können eine Frühwarnung geben, bevor Emissionen ansteigen

Um das Geschäftsziel der Maximierung der Gewinne und des Gesamtwerts zu erreichen, ist eine Balance zwischen vielen Faktoren erforderlich. Die Zeit ist reif um Prozessoptimierung zu implementieren. Insbesondere Advanced Process Control verbessert die Betriebsstabilität, was ungeplante Stillstandzeiten der Anlage eliminiert. Das Resultat: mehr Durchsatz, Einsparung von Betriebs- und Energiekosten und Verbesserung der Profitabilität.

Ende des Artikels

Karl konnte sich nicht eine bessere Empfehlung durch Uwe wünschen und rief ihn sofort an „Hallo Uwe, das ist ein großartiger Artikel. Ich möchte Ihnen sagen dass es ein Vergnügen ist Ihre Bedürfnisse zu erfüllen. Natürlich schätzen wir Ihre Bestellungen, aber wir schätzen auch die Zusammenarbeit mit Ihnen".

„Hey Karl, ich habe Ihre Firma aufgrund unserer Zufriedenheit mit Ihrem Produkt und Service anderen empfohlen. Ich freue mich auf die zukünftige Kooperation mit Ihnen ", sagte Uwe. „Vielen Dank", antwortete Karl und sie legten auf.

Die effektive Einführung des neuen Control- und Sicherheitssystems und die erfolgreiche Inbetriebnahme beim Kunden waren von großer Bedeutung. Aber Karl wusste, sobald man ein Produkt einführte, war der Schlüssel für ein profitables Wachstum, unerbittlich nach neuen Quellen von Wettbewerbsvorteilen zu suchen.

In unserer sich schnell verändernden Welt ist ein Wettbewerbsvorteil allenfalls temporär und muss ständig verfolgt und erneuert werden.

Finanzierung

„Nun, da der Auftrag für das große Kontroll- und Sicherheitssystem endlich sicher ist, gibt es keine Stornogefahr mehr. Dies würde sicherlich bei der Beschaffung von der

Finanzierung helfen", rechnete Karl. Während er in der Lage war, die Finanzierung für Bestellungen des Hardware-Teils des großen Projektes zu bekommen, war der zusätzliche Personalbedarf, um das Projekt richtig auszuführen, nicht ausreichend gewährleistet.

David Freetman's Konzept, den Betrieb ohne Investitionen zu führen, verursachte ihm nicht nur Stress, sondern verzögerte auch ein paar kleine Projekte, da er nicht in der Lage war, bestimmte Komponenten-lieferungen zu beschleunigen. Anbieter wollen nicht hohe Priorität von zu spät zahlende Kunden akzeptieren. Und während der letzten Wochen, hatte Karl gelernt, dass die Banken sich nicht mit der unbekannten Welt der Kredite an Technologie-Start-ups befassen möchten. Banker, von Natur aus konservative Menschen, scheuen Risiko. Wenn genug Geld mitspielt, können sie bereit sein, Ausnahmen zu machen, aber im Fall von MICGEN, in dem der Kreditbetrag ungefähr € 400.000 betragen hätte, waren sie nicht interessiert.

Bevor er sich an außerstaatliche Finanziers wendete, die sich auf Technologie spezialisiert hatten, erwog Karl seinen eigenen Pensionsfond zu benutzen um die Finanzierung von MICGEN zu unterstützen. Er glaubte, dass dies eine Grundlage sein könnte, um die Erhöhung seines Eigentumsanteils zu erreichen. Es war Zeit für ihn, den nächsten Schritt in der Frage der Eigentumsverhältnisse zu unternehmen, und ein Gespräch mit David Freetman zu suchen. Wenn der Austausch nicht klappte, würde er einfach das Gespräch beenden. Er versuchte zuversichtlich zu klingen und rief an „Hallo, hier ist Karl. Ich komme auf unser Gespräch zurück, während unseres Geschäftsessens, hinsichtlich der Erhöhung meines Anteils, wenn Sie sich erinnern."

„Oh ja, ich erinnere mich. Ich kann Ihnen sagen, ich bin flexibel aber ich werde nicht unter 51 Prozent gehen, oder mit anderen Worten, ich bin bereit dazu, 9 Prozent meiner Anteile abzugeben, aber nicht mehr als das. Sie können mit Martin sprechen. Vielleicht will er einen Prozentsatz seiner Anteile abgeben ", sagte David.

„Vielen Dank, David. Ich werde versuchen Martin zu kontaktieren", sagte Karl. Aus den wenigen Worten, bekam Karl die Botschaft, wie delikat eine Beteiligung an MICGEN war. David Freetman hatte ihn nicht einmal gefragt, wie viel er bereit sei, zu investieren, oder wie viel Prozent er verlangen würde.

Karl fühlte sich nach dem Gespräch mit David unbehaglich. Und wie es oft der Fall war, wenn er die Last auf seinen Schultern erleichtern wollte, suchte er Rat bei seiner zuverlässigen Freundin Hilde. „Da sie seit vielen Jahren Eigentum an einem Unternehmen hatte, kennt sie das Thema sicherlich", sagte Karl zu sich selbst und rief Hilde an. „Hallo, Hilde, es tut mir leid Sie wieder zu belästigen."

„Sie stören mich nicht. Wie geht es Ihnen? Ich habe eine Weile nichts von Ihnen gehört", sagte Hilde.

„Es geht mir sehr gut. Das Unternehmen wächst, und ich denke über die Erhöhung meiner Minderheitsbeteiligung an der Firma nach ", sagte Karl.

„Ich wusste nicht, dass Sie ein Miteigentümer von MICGEN sind", sagte Hilde. Was ist Ihre prozentuale Beteiligung, wenn ich fragen darf?"

„Ich habe einen Anteil von 10 Prozent, aber ich möchte diese auf 25 Prozent erhöhen. Der Haupteigentümer des Unternehmens hält derzeit eine 60-prozentige Beteiligung an der Firma. Martin besitzt 30 Prozent."

Hilde antwortete sofort, „Achtung Karl! Sie würden immer nur eine Minderheitsbeteiligung an einer Firma haben, bei der eine Person die Mehrheit besitzt, es sei denn, dass der Haupteigentümer bereit ist, mehr als 10 Prozent des Eigentums abzugeben ", und Hilde und fuhr fort, „Sie haben sehr eingeschränkte Rechte als Minderheitsaktionär, unter der Annahme, dass keine schriftliche Gesellschaftervereinbarung zur Bewältigung dieser Probleme existiert. Grundsätzlich haben Sie folgende Rechte als Besitzer einer Minderheit: Wenn das Unternehmen verkauft oder aufgelöst wird, erhalten Sie Ihren Anteil, nachdem alle Schulden bezahlt sind; Gibt es eine Verteilung der Gewinne, haben Sie Anspruch auf Ihren Anteil; Sie haben das begrenzte Recht, die Bücher und Finanzunterlagen des Unternehmens zu prüfen; und Sie haben das Recht, auf Verletzung der Treuepflicht zu klagen, falls der Mehrheitseigentümer sich ein Fehlverhalten zu Schulden kommen lässt.

Ich werde nicht auf die letzte Situation, Themen gleichbedeutend mit Betrug, eingehen. Falls Sie glauben, dass der Mehrheitseigentümer Sie betrügt, suchen Sie bitte sofort einen Anwalt auf und seien Sie bereit viel Geld auszugeben."

„Hmm, also mit welchen Problemen sind Eigentümer eines Minderheitsanteils, wie ich, konfrontiert?", fragte Karl.

„Nun, hier sind die angesprochenen Konsequenzen aus Ihren Rechten als Minderheitseigentümer tägliche Business-Themen", sagte Hilde. Und sie fuhr fort, „von einer praktischen Perspektive betrachtet, ist Ihr Recht auf eine aktuelle Aufteilung aus einem operativen Geschäft sehr beschränkt. Ein Mehrheitseigentümer kann Gewinnausschüttungen verhindern indem er großzügige Reserven für zukünftige Ausgaben bildet, für sich selbst oder seine Verwandten ein hohes Gehalt zahlt, Investitionen in neue Geschäftsfelder oder neue Ausrüstung voraus zahlt, oder durch Leasing von teuren Autos, usw. Ein Mehrheitseigentümer kann genug ausgeben, dass es nur selten Gewinne gibt die verteilt werden. So lange die Ausgaben nicht grob unangemessen sind, werden Sie wahrscheinlich nicht in der Lage sein, das Unternehmen zu zwingen, die Erträge der Firma zu teilen. Sie haben kein Recht zur Teilnahme an Management-Entscheidungen des Unternehmens. Der Mehrheitseigentümer kann eine Entscheidung treffen, die Sie als schlecht einschätzen und die Ihr Interesse an dem Unternehmen gefährden. Vielleicht sehen Sie sogar, dass der Mehrheitseigentümer das Unternehmen ruiniert. Sie können versuchen, ihn davon zu überzeugen, dass es die falsche Entscheidung ist, aber er braucht Ihre Anrufe nicht anzunehmen" und Hilde fuhr fort.

„Sie haben beschränkte Rechte, wenn überhaupt, Ihren Teil zu verkaufen. Z.B. Vielleicht wünschen Sie die Auszahlung Ihres Anteils. Das Landesrecht kann Ihnen die Befugnisse geben, das Unternehmen zu zwingen, Sie auszuzahlen, aber diese Rechte sind sehr begrenzt. Und während Sie Anspruch haben, dass die Gewinne aus dem Verkauf von dem gesamten Geschäft geteilt werden, kann ein Verkauf in einer Weise strukturiert sein, dass jede Auszahlung an Minderheitsgesellschafter vermieden wird, z.B. wie der Erlös aus dem Verkauf von Vermögenswerten, die im Laufe der Zeit in ein anderes Unternehmen reinvestiert werden."

„Also, wie kann ich mich als Minderheitsgesellschafter schützen?" fragte Karl.

„Ich bin nicht sicher, dass Sie sich absichern können. Das Gesetz von Kapitalgesellschaften und Gesellschaften mit beschränkter Haftung gibt Mehrheitseigentümer nahezu unbegrenztes Ermessen bei der Entscheidung, wie ein Unternehmen geführt wird und welche Rechte die anderen Eigentümer haben.

Ein Scenario könnte sein, das Sie als Investor nur € 20.000 in Eigenkapital für Ihre weiteren 15 Prozent einsetzen und die anderen € 80.000 als ein Darlehen durch die Vermögenswerte des Unternehmens und eine persönliche Bürgschaft des Mehrheitseigentümers absichern. Für den Fall, dass Sie als Angestellter das Unternehmen verlassen, würden Sie besser dastehen, wenn ein obligatorisches Buyout-Abkommen vorgesehenen wäre." antwortete Hilde und setzte fort.

„Die Bestimmungen über die Verwaltung einer Gesellschaft und den Schutz der Minderheitsgesellschafter sind nur durch die Kreativität der Eigentümer begrenzt und eine vollständige Diskussion über Möglichkeiten können wir nicht im Rahmen unseres Gesprächs behandeln. Wenn Sie eine Minderheitsbeteiligung an einem Unternehmen in Betracht ziehen, denken Sie sorgfältig über Ihre Erwartungen in Bezug auf Folgendes nach: Engagement in Tag-zu-Tag-Management; Beteiligung an Entscheidungen über gesellschaftsrechtliche Veränderungen - wie den Verkauf des Unternehmens; Zahlungen für Ihr Eigenkapital aus laufender Geschäftstätigkeit; Wann wird die Firma verkauft werden und welche Ausschüttungen vom Verkauf der Gesellschaft wird es geben. Besprechen Sie dies mit David und Martin, Ihre Geschäftspartner, um sicherzustellen, dass jeder im Wesentlichen die gleichen Erwartungen teilt."

Hilde fuhr fort: „In Ihrem eigenen Interesse, Karl, sage ich Ihnen, denken Sie über all dies und Ihren Wunsch nach einem 25 Prozent Anteil sorgfältig nach. Manchmal ist eine Minderheitsbeteiligung sinnvoll und wertvoll, vor allem, wenn ein Unternehmen verkauft wird. Eine Minderheitsbeteiligung bedeutet natürlich nicht, dass man unweigerlich aus jedem finanziellen Gewinn ausgeschlossen ist. Wenn jedoch der Mehrheitseigentümer nicht kooperativ ist und keine schriftliche Betriebsvereinbarung existiert, können Ihre Anteile an der Gesellschaft im praktischen Sinn möglicherweise nicht viel wert sein. Wenn keine Vereinbarung existiert, sollten Sie wissen, dass Ihre Möglichkeit, finanziell von einer Minderheitsbeteiligung zu profitieren, zu einem großen Teil von der Gutwilligkeit des Mehrheitseigentümers abhängt. Also, bevor Sie Geld in einer Minderheitsbeteiligung investieren, überlegen Sie sich, ob Ihr Vertrauen bezüglich des Mehrheitseigentümers groß genug ist, oder ob Sie Ihr Einverständnis schriftlich wollen, um sicherzustellen, dass alle Erwartungen erfüllt werden."

„Ich weiß nicht, wie ich Ihnen für Ihre wertvollen Ratschläge danken kann", sagte Karl. Hilde beendete das Gespräch mit ihrem üblichen „Dafür hat man Freunde" und legte auf.

Karl verstand Hildes Kommentare und beschloss keine Eigentumsangelegenheiten zu verfolgen, obwohl er wusste, wie wichtig der Zugang zu Kapital für seine Firma war. Er brauchte eine Bank, die jetzt MICGEN zusätzliches Betriebskapital zur Verfügung stellen würde, um das notwendige Geld bis zum Versand des Großprojektes, wenn die Teilzahlung von AROBCO fällig würde, zu überbrücken. Im Bewusstsein der finanziellen Möglichkeiten von David Freetman, beschloss er, ihn anzurufen und ihn zu bitten, einen Überbrückungskredit bei einer Bank zu beantragen. David hob das Telefon ab und sagte „Hallo, Karl, was kann ich für Sie tun?"

„Tut mir leid, Sie noch einmal bezüglich der Finanzierungsfrage zu stören. MICGEN braucht ungefähr € 500.000 an Geldmitteln. Wie Sie wissen hat der neue Auftrag einen Wert von mehr als € 8 Millionen. Trotz den günstigen Zahlungsbedingungen und der Finanzierung der Bestellung für den Hardware-Teil, sind wir nicht in der Lage, die Kosten für Personal und andere Gegenstände zu finanzieren. Ich gehe davon aus, dass die lokalen Banken nicht bereit sein werden, einen Kredit zu geben, was schlagen Sie vor? ", fragte Karl.

„Na ja, wir sollten eine Bank in England oder Irland versuchen. Diese Banken sehen zunehmend Technologie als eine Möglichkeit, ihre Kreditvolumen zu steigern ohne dass sie Kunden von konkurrierenden Kreditgebern wegnehmen. Ich werde eine Bank in London anrufen. Ich werde möglicherweise dorthin fliegen müssen. Ich rufe Sie in den nächsten Tagen wieder an", sagte David.

Die Bewerbung für ein Bankdarlehen kann ein frustrierendes Erlebnis für Klein-Unternehmer und Manager-sein. Das Geld zur Finanzierung eines wachsenden Unternehmens zu beikommen ist eines der schwierigsten Hindernisse, die Karl erlebte, wenn er das Darlehen für die Bestellung der Hardware des neuen Projekts verfolgte. David war in der Finanzwelt zu Hause und wusste, dass es wichtig war, sich auf geeignete Ziele zu konzentrieren. Er suchte nach einer Bank, die mit dieser Art von Darlehen und der Industrie vertraut war, und die Geschäfte mit Firmen, wie seine, durchgeführt hatte. Er suchte sich eine Bank, die Technologie-Darlehen an Firmen von MICGENs Größe gab.

David rief vorher an, um den Namen des Small Business Spezialisten der Bank heraus zu finden, und einen Termin zu vereinbaren, um sich persönlich zu treffen. Er bat den Bankier für eine Beschreibung der Materialien die er überprüfen wollte. Er wusste, dass in der Regel neben einem Anschreiben und dem Kreditantrag, geschäftliche und private Steuererklärungen, Jahresabschluss und Prognosen, erforderlich waren. Außerdem musste er eine Zusammenfassung bringen, die im Einzeln beschrieb wofür das Geld verwendet werden sollte und wie er plante, es zurück zu zahlen. Er würde auch Werbematerialien über MICGENs Business – Broschüren, Pressemitteilungen - mitnehmen.

Bevor er sich mit dem Bankier traf, bereitete David eine dreiminütige PowerPoint-Präsentation des Unternehmens vor. Er war mit dem Bankenumfeld vertraut und erwartete ihre Fragen. Er war zuversichtlich, und sorgfältig vorbereitet. Er wusste natürlich, dass der Bankier ihn fragen würde, wie viel und wie lange er das Geld brauchen würde. Er war bereit, ins Detail zu gehen über das, was er mit dem Geld tun würde und warum er und sein Geschäft ein geringes Risiko darstellten und wann und wie er das Geld zurückzahlen werde. Er würde den Bankier von der langfristigen Rentabilität MICGENs und seiner Fähigkeit zur Rückzahlung des Darlehens überzeugen. David stellte sich als ein Unternehmer dar, der das Darlehen sicher zurückzahlen konnte und würde. Er hielt alles im realen Bereich. Er vermied allgemeine, unbegründete Aussagen in seinem Kreditantrag und hielt Projektionen, Bestandslisten und Kollateral-Anweisungen auf der konservativen

Seite. Er erörterte die Risiken um sicherzustellen, dass die Bank weiß, dass er darüber nachgedacht und dass er Risiken eingeplant hatte.

Nachdem das Treffen endete, fragte er den Kreditsachbearbeiter, wann er erwarten könnte, dass die Bank eine Entscheidung treffen würde, aber er wollte nicht zu viel Druck ausüben. Er wusste, dass dies zu einer Ablehnung führen könnte. Er war sich bewusst, dass alles, was er tun konnte, um eine schnelle Entscheidung zu gewährleisten, war sicherzustellen, dass sein Antrag vollständig war.

MICGEN erhielt ein kurzfristiges Darlehen in der Höhe von € 700.000, das aus dem Erlös der AROBCO Zahlungen zurückgezahlt werden musste - 80 % innerhalb von 90 Tagen nach System Versand und 20 % bei Fertigstellung der zu erbringenden Leistungen. David Freetmans Bank Verhandlungen waren sehr effektiv und Karl gratulierte ihm und dankte ihm für seine Bemühungen. Das neue Projekt war ausreichend finanziert.

Endergebnis

Viele Business–Diskussionen drehen sich am Ende um Finanzierung und um Geld. Ingenieure konzentrieren sich meistens auf die Entwicklung von Produkten. Diese beiden Agenden scheinen an konträren Enden des Spektrums zu liegen, aber sie sind es nicht. Die Suche nach Bindegliedern erhöht die Fähigkeit in ihrem Geschäft erfolgreich zu sein.

Um wettbewerbsfähig zu bleiben, müssen Maschinen und Anlagen immer wieder an aktuelle Anforderungen angepasst werden. Ist das Automatisierungssystem nicht mehr auf dem neuesten Stand der Technik, dann ist es an der Zeit, eine Modernisierung ins Auge zu fassen.

Dabei hat jede Modernisierung ihre eigenen Herausforderungen. Was ist das individuelle Ziel des Kunden: Schneller Return-on-Invest (ROI), geringere Total Cost of Ownership (TCO), höhere Verfügbarkeit oder kürzere Stillstands-Zeiten?

Egal was der Ausgangspunkt ihres Kunden ist, oft steht ein Generationswechsel der Automatisierung an. Die Modernisierung von Systemen oder die Modernisierung einer kompletten Anlage mittels eines fortgeschrittenen Automatisationssystems bietet einen Weg zur Erreichung der individuellen Ziele ihrer Kunden.

Die Endvorteile für den Kunden auf einen Blick:
- Höhere Produktivität, Gesamteffizienz und Usability
- Neueste Fertigungsstandards, Maschinensicherheits- und Industrial Security-Anforderungen
- Minimierte Stillstandzeiten
- Gesteigerte Profitabilität
- Verbesserte Wettbewerbsfähigkeit

Endbemerkungen

Diese Story bezieht sich auf eine Firma, die auf dem Gebiet der industriellen Prozessautomation tätig ist.

Der heutige wirtschaftliche Druck hat die Leistung und das Wachstum in Industrien, die Prozess-Automatisierung verwenden, beeinflusst. Unsicherheiten in Bezug auf die vorliegende Stagnation, schwankende Ölpreise, Globalisierung und politische Kräfte beschränken die Fähigkeit der Hersteller in neue Anlagen zu investieren. Begrenztes Investitionskapital bedeutet, dass sie sich nur für Projekte mit kurzen Amortisationszeiten verpflichten können. Prozessautomation bietet das größte potenzielle Mittel zur Verbesserung der Produktivität und der Profite. Wenn richtig entworfen und eingesetzt, bieten Prozessautomatisierungslösungen die Möglichkeit, die Produktionsraten zu erhöhen, Erträge zu verbessern und den Energieverbrauch zu reduzieren.

Allerdings funktioniert die Automatisierung nur in Kombination mit menschlicher Kompetenz. Prozesserfahrung und Anwendungswissen sind erforderlich, um die Investition in ein Automatisierungssystem zu optimieren. Man muss sich auf kritische Einheiten in Prozessanlagen konzentrieren (die wichtigsten Ressourcen – Industriekessel, Turbo-Maschinen, Destillationskolonnen, TMC für NGL, LNG, usw.), wo die Optimierung der Effizienz, Zuverlässigkeit und Sicherheit die Investitionen und die Rendite auf Investitionen maximieren kann.

Während Automatisierungssysteme oft von großen Firmen angeboten werden, besitzen diese Firmen nicht immer die nötige Erfahrung für Nischen-Anwendungen. Kleine und mittelständische Firmen (KMUs) können Nischen-Prozess-Automatisierungslösungen für Endnutzer in verschiedensten Industrien weltweit liefern. Sie können ihre System- und Anwendungskompetenz nutzen und bieten daher Lösungen für viele Prozess Herausforderungen.

Die Wirtschaft befindet sich in einer Umgestaltung und viele Unternehmen bevorzugen Automatisierung anstelle neues Personal einzustellen. Eine Umfrage der Harvard Business School Alumni (veröffentlicht September 2014) ergab, dass fast die Hälfte der

Firmen eher in Technologie investieren würde, als Arbeiter einzustellen oder zu behalten. Die Arbeitswelt wird sich weltweit dramatisch ändern. Während dies die Löhne und Beschäftigung für gering qualifizierte Arbeitnehmer unterminieren kann, wird es die Nachfrage nach Ingenieuren und Wissenschaftlern erhöhen.

Die Veränderung in der Wirtschaft wird nicht nur die Nachfrage für Ingenieure und Wissenschaftler erhöhen; der Automatisierungsfokus wird auch die Möglichkeiten für Technologieunternehmen erweitern. Der Schlüssel ist, profitable Nischenmärkte zu wählen.

Und das beschließt die Story über das Prozessautomatisierungs-Genie. Der Zweck des Story-Abschnitts dieses Buches war es, eine Reihe von glaubwürdigen Charakteren darzustellen, die sich anstrengen typische Probleme in einem Technologieunternehmen zu überwinden. Die Art, wie sie mit diesen Problemen umgehen wird hoffentlich dem Leser Einblicke in den menschlichen Zustand in einem Technologieunternehmen bieten.

Einige Leser mögen dieses Buch für zu technisch und detailorientiert halten. Allerdings sind Start-ups und Tech-Unternehmen, die technische und emotionale Erfahrungen umsichtig handhaben, diejenigen, die heutzutage wegweisend sind.

Das Ziel dieses Buches ist es, Unternehmer zum Streben nach Exzellenz zu ermutigen und die Bedeutung von Details und Anwendungskompetenz zu unterstreichen.

Schlussfolgerung

Die Entwicklung eines neuen Produkts ist in der Regel ein vielschichtiger Prozess. Es kann spannend und befriedigend sein. Aber, mit vielen Technologieprodukten gibt es große Herausforderungen das Produkt auf den Markt zu bringen, egal wie genial die Erfindung ist.

Wenn eine kleine Firma zu einem größeren, etablierten Unternehmen wächst, untersteht sie dem gleichen Druck, der es gegenwärtige Unternehmen erforderlich macht neue Wege in der Innovationen zu finden. In der Tat ist es ein Vorteil des schnellen Wachstums eines erfolgreichen kleinen Unternehmens, dass es sein unternehmerisches DNA halten kann, während die Firma reift. Die heutigen Technologie-Unternehmen müssen lernen, ein Portfolio von nachhaltigen Innovationen zu meistern. Es ist eine veraltete Ansicht, dass Start-ups durch diskrete Phasen gehen, die frühere Arten von Aufgaben - wie Innovation - hinter sich lassen. Vielmehr muss ein Unternehmen sich auszeichnen, mehrere Arten von Arbeit parallel abzuwickeln.

Durchhalten - Im Laufe der Zeit wird ein Team, das an seinem Weg in Richtung auf ein zukunftsorientiertes Unternehmen festhält, wahrnehmen wie die Basiswerte steigen und so zu etwas konvergieren, wie das, was sie einmal in ihrem Business-Plan festgelegt haben.

Zukunftsorientiertes Wachstum ist fast immer durch eine einfache Regel gekennzeichnet – die meisten neuen Kunden sind

Kunden von früher. Es gibt Möglichkeiten mit früheren Kunden zukunftsorientiertes Wachstum voranzutreiben.

- **Mundpropaganda** - In den Produkten ist oft ein natürliches Wachstumsniveau eingebettet, das von der Begeisterung zufriedener Kunden verursacht wird.
- **Effektive Marketing & Vertriebs-Technik** – Obwohl es keine 'one-size-fits-all'-Lösungen zur Umsetzung einer guten Methode gibt, kann man einen wichtigen Schritt machen, um dem Unternehmen zu helfen, seine Ziele zu erfüllen: Nutzung der Erfahrungsberichte von Kunden in der Vertrieb/Marketing Literatur, in der Werbe-Kampagne und auf der Website des Unternehmens. Bei der Verwendung dieser Kunden Vermerke, müssen diese an das Unternehmen angepasst werden und sich von der Konkurrenz unterscheiden; außerdem, sollen Vorteile anstelle von Funktionen betont werden.
- **Durch Wiederholungsaufträge** - Fortsetzung von Wartungsverträgen und System-Upgrades.

Innovation - Konventionelle Weisheit besagt, expandierende Unternehmen verlieren unweigerlich die Fähigkeit zu Innovation und Kreativität. Das stimmt nicht. Wenn Start-ups wachsen, können Unternehmer die Organisationen so ausbauen, dass sie die Bedürfnisse der bestehenden Kunden mit den Herausforderungen der Suche nach neuen Kunden ausgleichen. Verwaltung von bestehenden Geschäftsfeldern, und neue Geschäftsmodelle - alles zur gleichen Zeit.

Die richtigen Leute einstellen – Das ist am wichtigsten für alle Firmen. Und wenn es sich auf eine Start-up oder eine kleine Firma bezieht, ist dies noch zentraler. Neue Mitarbeiter können dazu beitragen, der Firma neue Impulse zu geben. Stellen Sie die Kandidaten ein, die sich am leidenschaftlichsten über Ihre Produkte oder Dienstleistungen äußern. **Menschen machen ein Unternehmen; sie sind das Unternehmen.**

Und als Abschluss Perspektive - wie bei jeder großen Vision in Richtung eines nachhaltigen Technologie-Unternehmens - der Teufel steckt immer im Detail.

Abschluss

Unternehmertum ist weder einfach noch risikofrei. Wir haben alle von den Statistiken über Startup- Versager gehört. Für Unternehmer bedeutet dies, dass sie Risiken eingehen müssen, wenn sie eine Chance auf Erfolg haben wollen. Obwohl Risiko ein integraler Bestandteil der unternehmerischen Initiative ist, muss es nicht die Oberhand erlangen. Großartige Unternehmer erreichen Erfolg durch scharfsinniges Bewusstsein. Informiert zu sein und die Aufmerksamkeit zum Detail ist wesentlich.

Ziel des Autors beim Schreiben dieses Buches war es, seine Erfahrungen zu teilen und einen realistischen Blick auf das zu bieten, was Jungunternehmer, die Technologie im Business erfolgreich nutzen wollen, zu erwarten haben.

Eine umfassendere Beratung für die Gründung und Leitung eines Automatisierungs-Technologie-Unternehmens finden Sie in dem Buch TECHNOLOGIE ALS MITTEL ZUM ERFOLG. Es enthält eine Mischung aus Fakten und Fiktion (diese Story ist Teil des umfangreichen Buches).

Bemerkungen:

www.ingramcontent.com/pod-product-compliance
Lightning Source LLC
Chambersburg PA
CBHW071423180526
45170CB00001B/195